Mirko Tomasini

Das Leitwolf Spiel

Ulmer

Spiel erkennen und gestalten

Ausdrucksverhalten im Spiel

Körperaktives Spiel in der Praxis

Konflikte, Grenzen und Aggression

Spiel erkennen und gestalten

Lernen Sie Spiel (er)kennen

Begegnen Sie Ihrem Vierbeiner als Spielpartner und verzichten Sie auf Bällchen, Stöckchen oder Futterbeutel. Sie werden Ihre Beziehung ganz neu erleben. Von diesem Zeitpunkt an kann Vertrauen zwischen Ihnen und Ihrem Vierbeiner entstehen, denn im gemeinsamen Spiel lernen Sie beide sich noch einmal kennen. Aber: Nicht alles, was wie Spiel aussieht, ist auch Spiel. Überprüfen Sie Ihre Einstellung zum Spiel, und erfahren Sie, welche Bedeutung das Spiel für Ihren Hund besitzt. Ihr vierbeiniger Partner will nämlich viel mehr, als über eine Wiese zu rennen und einen Ball zu fangen – er will Sie! Erkennen Sie, wie Hunde wirklich spielen, und bringen Sie sich als Spielpartner ein.

Pudel-Rüde Blu braucht nicht viel, um in ein Spiel einzusteigen – eine eindeutige Spielposition seiner Halterin und eine kleine Bewegung mit dem Oberkörper genügen.

Beziehungsfaktor Spiel

Das Spielzeug ist nicht das Spiel. Auch, wenn Sie gerade erst den ersten Satz dieses Buches gelesen haben – und dieser zudem recht kurz ist: Nehmen Sie sich etwas Zeit, um die Bedeutung der Worte zu erfassen. Diese Aussage enthält den Schlüssel zu Ihrer wirklichen Beziehung zu Ihrem Hund. In dieser Beziehung spielen Sie im wahrsten Sinne des Wortes eine Rolle: Sie sind der Spielpartner Ihres Hundes.

Stellen Sie sich Folgendes einmal vor: Sie würden auf Ihren Hund die gleiche Anziehungskraft ausüben wie dessen Artgenossen. Sobald Sie mit Ihrem Vierbeiner eine Wiese betreten und ihm mit einer kleinen Geste Ihres Körpers ein Spiel anbieten würden, erhielten Sie von ihm prompt die Antwort: „Ja, lass uns spielen! Ohne Ball, ohne Stock, ohne Futter. Nur du und ich!“ Wie fühlt sich diese Vorstellung für Sie an?

Ohne gemeinsames Spiel fehlt der Beziehung etwas. Mit „Spiel“ meine ich nicht nur das Herumtollen auf der Wiese und den gemeinsamen Spaß beim ausgelassenen Raufen oder Jagen. Mir geht es auch weniger um die körperliche Auslastung meines Vierbeiners, wenn ich mich als Spielpartner einbringe. Das wäre mir viel zu einfach und würde dem eigentlichen Nutzen von Spiel nicht annähernd gerecht werden. Was also fehlt, wenn Sie nicht mit Ihrem Hund spielen? Ohne Spiel erkennen Sie nicht, wie Ihr vierbeiniger Partner wirklich ist. Und umgekehrt ist es genauso: Ihr Hund erkennt nicht, wie Sie in Wirklichkeit sind. Zwei- und Vierbeiner haben im gemeinsamen Spiel die Chance, sich gegenseitig kennen zu lernen.

Offen sein für echtes Spiel

Sie dürfen auch weiterhin Spielzeug verwenden, um mit Ihrem Hund zu spielen. Machen Sie sich aber immer wieder bewusst, dass Sie vor allem **um** das Spielzeug spielen. Tatsächlich handelt es sich nämlich meistens um ein Spiel **mit** dem Spielzeug. Zwar kann ein Spielobjekt ein Spiel überhaupt erst möglich machen. Es kann aber auch das Gegenteil bewirken und wirkliches Spiel verhindern. In dem Moment, in dem Sie das Spielzeug zuhause lassen und das wichtigste im Leben Ihres Hundes ins Spiel einbauen – sich selbst! –, sind Sie offen für die ehrliche Kommunikation mit Ihrem Vierbeiner. Denn jetzt müssen Sie seine Mimik deuten können, auf seine Körperbewegungen reagieren und sich gleichzeitig all Ihrer Bewegungen und Ausdrucksformen bewusst werden. Das kann am Anfang ganz schön anstrengend sein. Vielleicht haben Sie sogar das Gefühl, erst einen Lehrgang im richtigen Spielen mit Hunden absolvieren zu müssen.

Emotionen zulassen

Lernen Sie Ihren Vierbeiner im Spiel so wahrzunehmen, wie er ist. Und lernen Sie, ihn so anzunehmen, wie er ist. Lassen Sie ihn vor allem aggressiv sein. Sie haben richtig gelesen: Lassen Sie es zu, dass Ihr Hund sich aggressiv mitteilt. Das ist seine wertvollste Ausdrucksweise. Sie werden nie wirklich mit Ihrem Hund spielen können, wenn Sie ihm das verbieten. Im Spiel ist jede Form von Aggression erlaubt. Sie müssen sich allerdings sicher sein, dass es sich tatsächlich um Spiel handelt! Auch, wenn Sie glauben, sich im Spiel zu befinden, kann Ihr Vierbeiner das ganz anders sehen.

Wer spielt, erhält Antworten

Das Spiel ist der Indikator für Balance und Harmonie Ihrer Beziehung zu Ihrem Vierbeiner. In ihm erhalten Sie Antworten auf die wichtigsten Fragen Ihres Miteinanders:

Wenn Sie sich fragen, ob Ihr Vierbeiner bei Ihnen zufrieden und glücklich ist – im Spiel finden Sie die Antwort.

Wenn Sie wissen möchten, ob er Ihnen vertraut – im Spiel finden Sie die Antwort.

Wenn Sie sich fragen, ob Sie ihm wichtig sind – im Spiel finden Sie die Antwort.

Wenn Sie irgendeine andere Frage haben, die sich auf Ihr Miteinander bezieht, fragen Sie doch einfach denjenigen, der immer eine Antwort hat – Ihren Hund.

Eine Spielaufforderung, die von Ihnen ausgeht und nicht vom Spielzeug, ist eine solche Frage. Von dem Moment der

Auch im Spiel mit Motivationsobjekten geht es immer um Körperaktion – eine tiefe Position und ein bewusster Einsatz Ihrer Bewegungen hält das Spiel lebendig.

Praxisbeispiel

Ein Hund, der das Spiel mit seinem Sozialpartner nie gewinnen darf – egal ob es sich um Zerrspiele handelt, um Jagd- oder Raufspiele –, verliert sehr schnell die Motivation für das Spiel mit diesem Partner. In meinen Trainings müssen wir dann erst einmal die Eigenmotivation des Vierbeiners wieder wecken. Das ist viel schwieriger, als einen selbstbewussten Hund, der im Spiel die Grenzen austestet, ein wenig auszubremsen. Solange Sie die Balance zwischen tabulosem Spiel und respektvollem Führen bewahren, ist jede Angst unbegründet, Ihr Hund könnte den Respekt vor Ihnen verlieren.

Aufforderung an brauchen Sie nur noch zuzuhören, was Ihr Hund Ihnen antwortet. Ihr Vierbeiner ist wie eine Dauernachrichtensendung im Radio. Dem Nachrichtensprecher hören Sie doch auch zu. Oder brüllen Sie die ganze Zeit gegen das an, was er sagt? Und selbst wenn Sie es täten, würde es etwas an der Nachricht ändern?

Wenn ein Hund Ihnen eine Nachricht sendet, dann ist das leider noch etwas kniffliger. Um seine Botschaft zu verstehen müssen Sie nämlich erst einmal erkennen, dass es sich um eine Botschaft an Sie handelt. Wenn Sie eine Nachricht im Radio nicht interessiert, dann hören Sie einfach weg oder filtern sie als unwichtig aus dem Rest heraus. Das ist dem Nachrichtensprecher im Radio vermutlich ziemlich egal. Er bekommt es ja nicht mit. In der Kommunikation mit Ihrem Hund sieht das anders aus: Ihr Vierbeiner geht davon aus, dass, wenn er Ihnen etwas mitteilt, Sie das erkennen und vor allem verstehen. Egal, wie Sie nun reagieren, aus seiner Sicht ist es eine Antwort auf seine Botschaft. An dieser Stelle kann es dramatisch werden, denn seine Signale sind nun wiederum eine Reaktion auf Ihre Reaktion.

Derlei Missverständnisse sind im Alltag nicht zu vermeiden. Wenn wir mit unseren Mitmenschen kommunizieren, geschieht das auch ständig. Wir müssen uns die Gefahren sehr bewusst machen, um Missverständnisse zu vermeiden oder zu reduzieren. Ich sage nicht, dass es die perfekte Kommunikation gibt. Wenn wir aber von der Mensch-Hund-Beziehung sprechen, die wir durch gemeinsames Spiel verbessern möchten, dann beginnt Veränderung immer damit, den Ist-Zustand wahrzunehmen. Im Unterschied zu Ihrem Hund sind Sie in der Lage, Ihr eigenes Handeln zu reflektieren. Beginnen Sie doch einmal damit sich zu fragen, ob Ihr Hund wirklich spielt, wenn Sie meinen, Sie mit ihm spielen.

Trainertipp

Nutzen Sie die Motivation des Hundes statt ihn „künstlich“ zu motivieren. Je mehr Sie fordern desto größer ist die Gefahr von Missverständnissen.

Wie echt ist Ihr Spiel?

Bevor wir gemeinsam in die Welt des Spiels eintauchen, kann es sinnvoll sein, sich die folgenden Fragen zu beantworten.

	Ja	Nein
> Spielt Ihr Vierbeiner mit Ihnen?	○	○
> Spielen Sie mit Ihrem Hund?	○	○
> Spielen Sie täglich mit ihm?	○	○
> Springt Ihr Hund überall auf ein Spielangebot an – zu Hause, im Feld, im Wald oder in der Stadt?	○	○
> Sind Sie nach einer Spieleinheit auf der Wiese schmutziger und erschöpfter als Ihr Hund?	○	○
> Kommt es vor, dass er im Spiel mit Ihnen seine Zähne einsetzt?	○	○
> Lassen Sie es zu, dass Ihr Vierbeiner Sie im Spiel anspringt und/oder umrennt?	○	○
> Lassen Sie es zu, dass er im Spiel knurrt und sich Ihnen gegenüber aggressiv verhält?	○	○
> Lauert Ihr Hund Ihnen manchmal auf, um Sie zu einem Spiel zu animieren?	○	○
> Steigen Sie auf sein Spielangebot ein?	○	○
> Können Sie unabhängig von einem Spielzeug ein Spiel anzetteln?	○	○

Die Auswertung finden Sie auf der nächsten Seite.

Auswertung

Wie viele der Fragen haben Sie mit **„Ja"** beantwortet?

Wenn es mehr als die Hälfte sind, dann können Sie in diesem Buch vielleicht noch ein paar wertvolle Hinweise und Anregungen finden, um noch bewusster mit Ihrem Hund zu spielen. Sind Sie Hundetrainer und möchten Hundehalter im Spiel mit deren Vierbeinern schulen, dann finden Sie in diesem Ratgeber viele Erklärungen, Anregungen und Anleitungen, die Ihren Kunden die Augen öffnen können.

Wenn Sie mehr als die Hälfte der Fragen mit **„Nein"** beantwortet haben, dann kann dieses Buch Ihnen helfen,

- die Überzeugungen zu überprüfen, die Sie am Spiel mit Ihrem Hund hindern,
- Erklärungen zu finden, warum Ihr Vierbeiner nicht mit Ihnen spielt,
- neue Erfahrungen in der Praxis zu sammeln, indem Sie die Übungen zum körperaktiven Spiel umsetzen,
- ein neues Verständnis für die Beziehung zu Ihrem Hund zu entwickeln,
- Ihrer Mensch-Hund-Beziehung eine neue Qualität zu geben,
- sich selbst bewusster in der Rolle des Partners Ihres Vierbeiners zu erkennen.

Spiel braucht weder Training noch eine spezielle Ausrüstung. Auch ganz banale Berührungen sind eine Form von Spiel, das Vertrauen benötigt und schafft.

Reflexion

Formulieren Sie einmal, wie und was Sie über das Spiel mit Ihrem Hund denken. Schreiben Sie einfach alles auf, was Sie zu diesem Thema gehört oder gelesen haben. Bestimmen Sie dann in einem nächsten Schritt, welches Ihre eigenen Überzeugungen sind, welche der Vorstellungen auf Erfahrungen beruhen und an welchen Stellen Sie die Meinung von anderen übernommen haben. Wo kommen sich Ihre eigenen Erfahrungen und Überzeugungen und die Meinungen von Dritten in die Quere?

Kennzeichen für Spiel

Spiel ohne Spielzeug ist die pure Kommunikation zwischen Ihnen und Ihrem Vierbeiner. Es gibt einfach nichts, was Sie **immer** dabei haben und einsetzen können, um Ihren Hund zu motivieren – außer sich selbst. Da Ihr vierbeiniger Spielpartner auf kleine Gesten und Körperbewegungen reagiert, liegt es vor allem an Ihnen, sich Ihrer Ausdrucksweise bewusst zu werden. Das gilt nicht nur, aber vor allem im körperaktiven Spiel mit Hunden. Die Frage „Woran erkennen Sie, ob Ihr Hund wirklich mit Ihnen spielt?" beinhaltet die Möglichkeit, dass er es nicht tut. Auch dann, wenn es für Sie auf den ersten Blick so scheint, als spiele er mit Ihnen.

Wenn Sie lernen möchten, echtes Spiel zu erkennen, dann hilft ein Blick auf das, was auf keinen Fall echtes Spiel ist.

Trainertipp

Sie müssen Spielzeug nicht verteufeln. Setzen Sie es in Zukunft einfach anders ein, und erlangen Sie dadurch mehr Abwechslung im Spiel.

Spiel oder nicht? Vielleicht setzt Podenco-Mix Dhira zum Beutefang an. Vielleicht versucht sie, ihren Menschen zur Vernunft zu bringen, indem sie ihn in der Bewegung einschränkt.

Ist das wirklich Spiel?

Nicht jedes wilde Herumhopsen, Rennen und Bellen ist automatisch ein Zeichen für Spiel. Nur, weil Sie sich „zum Kasper machen“ und Ihren Hund mit albernen Bewegungen animieren – und er sich womöglich sogar darauf einlässt –, heißt das noch lange nicht, dass seine Reaktionen ein Zeichen für gemeinsames Spiel sind. Wenn Sie über eine Wiese laufen und Ihr Hund Ihnen mit wildem Gebell folgt, dann kann das Spiel sein. Es kann jedoch auch etwas völlig anderes sein. Zum Beispiel der Versuch Ihres Vierbeiners, Sie in Ihrer Bewegungsfreiheit einzuschränken. Dieses Einschränken von Bewegungsspielraum – wie es der Vierbeiner in diesem Beispiel versucht – hat nur sehr selten ein gemeinsames Spiel zur Folge. In meinem Ratgeber „Das Leitwolf-Training“ habe ich erläutert, dass diese Form der Körperaktion in den Bereich der Führung gehört.

Spiel und Respekt

Es gibt neben dieser etwas ernüchternden Erkenntnis auch eine gute Botschaft: Nicht jedes Anspringen, Rempeln, Knurren, Drohen und aggressive Bellen ist gleich ein Zeichen für Respektlosigkeit oder Dominanz. Solange Sie sicher sind, dass Sie und Ihr Vierbeiner sich in einem Spiel befinden, sind aggressive Signale sogar eher der Beweis für eine intakte Mensch-Hund-Beziehung. Ihr vierbeiniger Partner vertraut Ihnen, denn Sie befinden sich in einem Spielrahmen. Innerhalb dieses Rahmens ist es dem Hund nicht nur erlaubt, aggressiv zu kommunizieren. Es ist eine Notwendigkeit für ehrliches Sozialspiel.

Deshalb sollten Sie lernen, genau wahrzunehmen, was Ihr Hund Ihnen mitteilt. In den nächsten Kapiteln erkläre und zeige ich Ihnen, wie Sie die Signale eines Vierbeiners deuten und wie Sie selber klare Spielsignale aussenden. Das ist von Mensch zu Mensch und von Hund zu Hund sehr unterschiedlich.

Reflexion

Erinnern Sie sich, wann Ihr Hund Sie zuletzt zu einem Spiel eingeladen hat? Ich meine nicht, wann er den Ball angeschleppt hat. Wann hat er Sie ohne Spielzeug zum Spiel aufgefordert? Sind Sie sicher, dass Sie seine Signale erkennen würden, wenn er es jetzt täte?

Innere Einstellung zum Spiel

Es gibt zahlreiche sichtbare Anzeichen von Spiel, weil sie sich im Verhalten der beiden Spielpartner widerspiegeln. Zuerst jedoch geht es mir an dieser Stelle um die „inneren Kriterien“, anhand derer Sie erkennen, ob Sie mit Ihrem Vierbeiner spielen – oder auch nicht. Überprüfen Sie für sich die folgenden Gedanken zum Spiel.

Sie befinden sich im Spiel mit Ihrem Hund, wenn Sie

> nichts erwarten,
> das Gestern ausklammern,
> das Morgen nicht interessiert,
> sich an nichts klammern,
> bereit sind, in Ihrem Vierbeiner den Hund zu sehen, der er ist, und nicht denjenigen, den Sie gerne hätten,

Sie brauchen keine Anleitung, um zu erkennen, dass das hier Spiel ist, oder?

- seine Reaktionen wahrnehmen statt zu beurteilen,
- erkennen, dass es kein Richtig oder Falsch gibt,
- in sich eine Freude spüren, egal was andere tun oder denken,
- sich unabhängig machen von der Reaktion Ihres Hundes,
- mit dem zufrieden sind, was Sie jetzt gerade tun,
- Ihnen Trainingssysteme gleichgültig sind,
- Ihrem Gefühl mehr als diesem Buch trauen,
- akzeptieren können, was ist.

Frei sein von Erwartungen

All diese inneren Faktoren beeinflussen Ihr Handeln. Sie nehmen auch Einfluss darauf, wie Sie sich Ihrem Hund gegenüber verhalten. Die größten Störfaktoren für ein wahrhaftiges Spiel zwischen Menschen und ihren Vierbeinern finden Sie in dieser Liste. Prüfen Sie also anhand der Aussagen, wie Sie reagieren und was Sie darüber denken.

Ihr Denken bestimmt Ihr Verhalten. Genau so, wie Sie über Spiel denken, spielen Sie auch mit Ihrem Vierbeiner. Ihm können Sie nichts vormachen. Daher ist es nutzlos so zu tun, als wären Sie der perfekte Spielpartner, indem Sie alle Tipps und Anleitungen aus diesem Buch genau umsetzen. Ihre Rolle als Spielpartner entwickelt sich vor allem durch Ihre Einstellung zum Spiel.

Trainertipp

Aggressionen sind weder gut noch schlecht. Hunde kommunizieren aggressiv, auch im Spiel. Überprüfen Sie Ihre Einstellungen zu Aggression.

Gedanken beeinflussen das Spiel

Es gibt also neben dem „tatsächlichen" Spiel, das Dritte auch beobachten können, ein inneres, ein „mentales" Spiel. Genau, wie Ihr Vierbeiner eine innere Haltung zum Spiel mit Ihnen einnimmt – sieht er in Ihnen einen geeigneten Spielpartner oder nicht? –, nehmen Sie eine innere Haltung zum Spiel mit ihm ein. Diese innere Haltung entscheidet, ob Ihr Hund nur mit Ihnen statt mit dem Spielzeug spielt. Stürzen Sie sich in die Praxis. Machen Sie Erfahrungen. Die guten Erfahrungen bewahren Sie. Die weniger guten überprüfen Sie. Spüren Sie die Gedanken hinter Ihrem Handeln auf und fragen Sie sich ehrlich: „War ich in dem Moment ganz mit mir, bei meinem Hund und mit unserer Welt im Einklang? Verstecken sich Glaubenssätze, Ängste, übernommenes Halbwissen von anderen oder zu hohe Erwartungen an mich und meinen Hund hinter meinen Gedanken? Wenn ja, bin ich bereit, mich diesen zu stellen? Kann ich es aushalten, dass sie da sind? Bin ich bereit, mit und an ihnen zu arbeiten?"

Ihre Persönlichkeit ist allein Ihre eigene Angelegenheit, nicht die Ihres Vierbeiners. Im Verhalten Ihres Hundes werden einzelne Anteile davon sichtbar, auch im Spiel. Statt sein Verhalten zu beeinflussen, sollten Sie die Verantwortung für sich und Ihre Gedanken übernehmen. Das ist alles, was Sie tun müssen. Sie werden sehen, wie Ihr vierbeiniger Spielpartner dann reagiert.

Reflexion

An welchen Stellen zählt die Meinung anderer mehr als ihr Bauchgefühl? Gibt es Momente, in denen Sie sich an der Meinung anderer orientieren, obwohl Ihr Bauchgefühl Ihnen etwas anderes sagt? Haben Sie eine Idee, warum das so ist?

Mimik und Körperhaltung – alle Zeichen stehen auf Spiel.

Bedeutung von Spiel

Spiel soll und muss in erster Linie absichtslos sein. Das heißt aber nicht, dass Spiel nicht auch einen praktischen Nutzen haben darf – für den Hund, für seinen Menschen und für die beiden im Miteinander. Für Hunde besitzt das Spiel eine tiefere – biologische – Funktion: Im Spiel lernen Welpen und junge Hunde sowohl Elemente der Jagd und des Beutefangs – für einen Beutegreifer wie den Hund ganz wichtige Fähigkeiten – als auch Regeln des sozialen Miteinanders.

Jagen lernen

Stellen Sie sich einen spielenden Hund und seinen Spielpartner vor, egal ob Zwei- oder Vierbeiner. Weisen Sie dem einen die Rolle des Jägers zu, der Hunger hat, und dem anderen die Rolle der Beute, die keine Lust hat, gefressen zu werden. In der frühen Entwicklungsphase des Hundes dient das Spiel dazu, Sequenzen der Jagd und des Beutefangs zu erlernen. Da dieses Lernen lange Zeit mit einem Sozialpartner erfolgt, richtet sich das Augenmerk vor allem auf die Abschnitte auflauern, anschleichen, den anderen jagen und packen. Der Spielpartner hemmt die Bereitschaft des Jägers, richtig zuzupacken, als wäre dieser tatsächlich ein Beutetier. Das ist nicht selbstverständlich, wie das spätere Verhalten vieler Hunde zeigt, die ohne Kontakt zu Artgenossen aufgewachsen sind. Einigen dieser Hunde fehlt die Hemmung: Sie verwechseln den vierbeinigen Partner mit einem Beutetier.

Kommunizieren lernen

Alle sozialen Lebewesen lernen im Spiel zu kommunizieren – das ist ein weiterer Nutzen des Spiels. Schließlich sind wir alle auf das Feedback unseres Gegenübers angewiesen und erhalten auf diese Weise auch zahlreiche Informationen über uns selbst: Wie wirke ich gerade auf den anderen? Welche Reaktion löst mein Verhalten/meine Mimik in dieser Situation beim anderen aus? Wie weit lässt der andere mich mit ihm machen, was ich will? Wo ist die Grenze? Wann bekomme ich das zurück, was ich vorher ausgeteilt habe?

Hunde kommunizieren mit Artgenossen, indem sie deutliche Körpersignale und eine ausgeprägte Gesichtsmimik zeigen. Das geschieht auch im Spiel. Hier sind Signale und Mimik stark übertrieben. Verständigen sich zwei Artgenossen auf ein gemeinsames Spiel, in dem sie auch überzogen aggressiv kommunizieren (dürfen!), werden hierdurch das gegenseitige Vertrauen und die soziale Kompetenz gestärkt. Vierbeiner, die im Welpen- und Junghundalter mit Artgenossen und Menschen gespielt haben, verhalten sich später auch außerhalb des Spiels ihren Sozialpartnern gegenüber viel sicherer und souveräner. Missverständnisse in der Kommunikation – egal ob in der Führung, im Teamwork oder im Spiel – sind dann so gut wie ausgeschlossen.

Trainertipp

Stellen Sie sich vor, Sie seien ein Wolf, der sich an ein Beutetier anschleicht. Auf diese Art könnten Sie ein Spiel mit Ihrem Hund beginnen.

Signale des Menschen lernen

Hunde haben sich dem Menschen stark angepasst. Das heißt nicht, dass sie in diesem Anpassungsprozess gelernt haben, unser Ausdrucksverhalten zu entschlüsseln. Jedoch kann ein Hund in jeder Mensch-Hund-Beziehung lernen, die Signale zu interpretieren, die sein Mensch mit seinen Körperaktionen aussendet. Eine dafür unverzichtbare Voraussetzung ist das Bewusstsein des Menschen, dass Bewegungen aus Sicht des Vierbeiners Signale sind.

Spiel als Weg zur Verständigung

Im Spiel geht es erst einmal um nichts anderes als ums Spiel selbst. Deshalb kann nicht viel passieren, wenn Sie Ihren Vierbeiner am Anfang noch etwas unbeholfen mit Hilfe Ihrer Körperaktionen zu einem Spiel animieren und er Sie nicht versteht. Vielleicht bleibt der eine oder anderen blaue Fleck, wenn er ungebremst in Sie hineinläuft. Der vergeht auch wieder. Indem Sie sich bewusst machen, dass Ihr Hund Ihnen „sagt", ob er Sie versteht oder nicht, haben Sie Ihren perfekten Lehrmeister in Sachen Spiel gefunden. Ihr Hund hilft Ihnen, ihn und sich selbst zu verstehen. So haben Sie die Möglichkeit, Ihr eigenes Verhalten anzupassen. Sie und Ihr Hund kommen sich in Ihren Ausdrucksweisen immer näher. Das Spiel bereitet Ihnen den Weg, Ihren Hund zu verstehen, so dass er Sie verstehen kann.

Pudel-Rüde Blu denkt, Border-Collie-Mixhündin Ruby liefe vor ihm davon, weil sie spielen will.

Als er ihr näher kommt, gibt die 6-jährige Ruby deutliche Signale – sie will Abstand.

Praxisbeispiel

Ein Hund reagierte auf die hektischen Bewegungen seines Menschen mit Bellen und Herumspringen. Das wurde von seinem Halter als Spiel fehlgedeutet. Als der Mann seinem Hund mit „echten“ Spielangeboten begegnete, reagierte der Hund mit defensivem Drohen und Unsicherheit. Nach weniger als zwei Minuten konnten die beiden dann ausgelassen spielen, weil der Halter seinem Vierbeiner Zeit gegeben hatte, die neue Situation kennen zu lernen.

Zeit spielt hierbei auch keine Rolle. Bleiben Sie geduldig am Ball, es dauert in manchen Fällen Monate und Jahre, bis der Knoten platzt. Und wenn das Spiel dann noch so kurz ist – es lohnt sich immer!

Auch wenn ich mich wiederhole: Spiel ist keine Erziehung, sondern Kommunikation. Probieren Sie es aus – jeden Tag aufs Neue. Es gibt keinen Trainingsplan, nichts muss funktionieren. Die Elemente des Spiels sind auch keine Übungen, die Sie wiederholen müssen.

Trainertipp

Wenn Ihr Hund Sie zu Beginn eines Spiels körperlich stark bedrängt, dann nehmen Sie ein Spielzeug zur Hilfe. Das schafft den nötigen Abstand.

Da Blu sehr dicht an ihr vorbei läuft, setzt Ruby ein kurzes, aber deutliches Abwehrschnappen ein.

Selbst als sich Blu schon entfernt hat, droht Ruby ihm noch nach – sicher ist sicher. Ein völlig normales „Gespräch“ unter Hunden.

Motivation steigern durch Spiel

Hunde und Menschen müssen die Motivation für Spiel nicht erlernen, sie tragen diese in sich. Diese Eigenmotivation des Hundes für das gemeinsame Spiel ist der Schlüssel zu seiner Aufmerksamkeit und seiner Lernbereitschaft in der Ausbildung. Wenn Sie mit Ihrem Hund Sport betreiben oder irgendeine Form der Teamarbeit praktizieren (Rettungshundearbeit, Dummy-Training, Agility oder Schutzdienst), dann wird die Ausbildung Ihres Vierbeiners immer einfacher, je höher sein Spieltrieb ist. Im Idealfall ist er gleichzeitig mit Futter und Spielzeug zu motivieren. In diesem Fall können Sie variabel trainieren und haben die ganze Palette an primären Verstärkern zur Auswahl. Ohne Spiel also kein Teamwork. Ist Ihnen die Bedeutung von Spiel für die Ausbildung

Manchmal genügt es, einfach einmal die (Selbst-)Kontrolle abzulegen und ein bisschen „verrückt" zu spielen – im wahrsten Sinne des Wortes.

Praxisbeispiel

Eine Hundehalterin hat auf den Rat eines Trainers das Spiel mit ihrem Hund eingestellt, weil der Vierbeiner angeblich „dominant" werden würde. Grund für diese Einschätzung war, dass der Hund sich im Spiel aggressiv mitteilte: Er knurrte, schnappte nach den Händen und sprang der Halterin auf den Rücken, wenn diese am Boden lag. Seitdem sie das Spiel vermied, zeigte sich der Hund aggressiv gegenüber Artgenossen. Außerdem entfernte er sich auffällig weit von seiner Halterin und begann zu jagen. Ich schaute mir an, wie sie mit ihrem Vierbeiner spielte – es handelte sich um ein vollkommen normales Spiel. Daher empfahl ich ihr, weiterhin wie früher mit ihrem Vierbeiner zu spielen. Seitdem haben sich die neuen Probleme in Luft aufgelöst.

eines Hundes bewusst, dann erfahren Sie über das körperaktive Spiel ohne externe Motivatoren wie Futter und Spielzeug, wie groß die Bedeutung Ihrer eigenen Präsenz im gemeinsamen Training ist.

Lässt sich Ihr Vierbeiner über Spielzeug und Futter motivieren, dann können Sie Ihrer Anwesenheit über das körperaktive Spiel mehr Bedeutung geben. So stärken Sie Ihren eigenen Anteil an der gemeinsamen Arbeit und das Vertrauen Ihres Vierbeiners in Sie als Teampartner.

Lässt sich Ihr Vierbeiner kaum über Futter oder Spielzeug motivieren, dann kann das bewusste körperaktive Spiel ihm die Möglichkeit geben, diese fehlende Motivation zu entwickeln: Zum Beispiel, indem Sie erst einmal um ein Spielzeug spielen. Viele Hunde bieten ein Spiel um Spielzeug während eines Laufspiels von alleine an. Wenn Sie das bemerken, nutzen Sie es und bauen Sie es ins Spiel ein.

Selbstvertrauen lernen durch Spiel

Die Möglichkeit, sich einem Partner (nicht nur im Spiel) frei und ungezwungen mitteilen zu dürfen, stärkt das positive Selbstbild und damit das Selbstvertrauen. Daran mangelt es nicht nur manchen Zweibeinern, auch bei Vierbeinern sind die Folgen sichtbar: Die einen nehmen sich sehr zurück und handeln nur, wenn ihr Mensch es ihnen sagt. Verhalten sie sich so, werden sie als gut erzogene Hunde bezeichnet. Die anderen gehen stattdessen in die Offensive. Sie werden dann als „Zicken" oder „Machos" betitelt. Beide Verhaltensweisen können Ausdruck eines geringen Selbstvertrauens der Vierbeiner sein. Die Möglichkeit, Eigeninitiative im Spiel zeigen zu dürfen, gibt ihnen also Sicherheit und Vertrauen.

Bedeutung des Spiels für den Mensch

Was für den Vierbeiner gilt, das trifft oft auch eins zu eins auf den Zweibeiner zu. Wann haben Sie zuletzt ausgelassen und voller Freude mit jemandem gespielt? Wie sehen Sie Ihr Verhalten im Rückblick? Stehen Sie dazu oder fragen Sie sich hin und wieder, wie andere jetzt über Sie denken oder welches Bild diese jetzt von Ihnen haben? Oder verzichten Sie lieber darauf, ausgelassen zu spielen, aus Sorge, Ihre Mitmenschen könnten denken, Sie hätten sich nicht unter Kontrolle? Hinter diesen Gedanken steckt möglicherweise die Angst, nicht „konform" zu sein. Sie haben im Spiel mit Ihrem Hund die Chance, sich selbst das Recht zurückzugeben, so sein zu dürfen, wie Sie tatsächlich sind. Stellen Sie sich einmal vor, wie weit also für Sie der praktische Nutzen des Spiels mit Ihrem Hund reicht.

Positive Effekte des Spiels

Das Gegenteil von Spiel ist – Kontrolle. Um einen anderen kontrollieren zu können, braucht man ein hohes Maß an Selbstkontrolle. Wenn Sie im Spiel jede Absicht aufgeben, dann geben Sie ein großes Stück Kontrolle auf. So schaffen Sie sich selbst einen Freiraum im Umgang mit Ihrem Hund, der Sie

- Ihren Vierbeiner anders erfahren lässt und
- sich selbst anders wahrnehmen lässt.

Ein weiterer Nutzen betrifft eine ganze Reihe von positiven Folgen:

- im körperaktiven Spiel lernen Sie Ihren Hund in seinem individuellen Ausdrucksverhalten kennen,
- Ihr Hund lernt, Sie in Ihrer Körpersprache eindeutiger zu verstehen,
- die positive Grundstimmung im Miteinander schafft eine vertrauensvolle Lernumgebung,
- das Spiel mit Ihnen wirkt dann wie ein Filter, durch den Außenreize nicht mehr zum Hund durchdringen und ihn ablenken können,
- die Eigenmotivation und positive Stimmung machen jede Form von Ausbildung (dazu zählen auch die Kommandos) des Hundes überhaupt erst möglich.

Trainertipp

Wenn Sie ein Problem haben und glauben, es fehle Ihrem Hund an Respekt und Führung – ziehen Sie immer auch fehlendes Spiel in Betracht.

Spiel als „Filter“

Es ist vollkommen normal, dass Hunde nicht in jeder beliebigen Situation spielen. Oder besser gesagt: spielen können. Wild oder deren Spuren, fremde Menschen, Objekte, die sich bewegen, oder Geräusche verursachen, können verhindern, dass ein Hund sich auf ein Spiel einlässt. Diese Außenreize wirken dann wie ein Filter. Aber auch die Geschichte eines Hundes – z.B. schlechte oder gar keine Erfahrungen mit Menschen – kann ein Faktor sein, der beeinflusst, ob ein Hund mit Ihnen spielen kann. Sowohl Kommandos als auch Spielangebote dringen nicht zu Ihrem Hund durch. Was in die eine Richtung gilt, gilt aber auch umgekehrt: Gemeinsames Spiel wirkt wie ein Filter gegen Ablenkungen aus der Umgebung. Ein Hund, der hoch motiviert mit Ihnen spielt, interessiert sich weniger für Wild, für Artgenossen, für Jogger oder Radfahrer. Je mehr Ihr Hund sich auf Sie als Spielpartner einlassen kann, desto höher seine Motivation, mit Ihnen zu kooperieren. Damit wachsen auch die Möglichkeiten, Kommandos spielerisch aufzubauen, die der Hund dann auch gerne und schnell ausführen will.

Jagdtrieb, Respekt vor Fremden und eine Umgebung voller Ablenkung – Afghanen-Hündin Radsha spielt nicht, egal wie lange ich es ihr anbieten würde.

Reflexion

Wenn Ihr Hund nicht spielt – woran liegt das? Will er nicht oder kann er nicht? Überprüfen Sie, ob die Umgebung und die Umweltreize ihn zu sehr ablenken. Wechseln Sie in ein anderes Umfeld, bevor Sie die Flinte ins Korn werfen.

Das unsichtbare Band

Wenn Sie durch bewusstes Spielen mit Ihrem Vierbeiner in seinem Leben eine noch größere Bedeutung erlangen, dann können Sie selbst auch zu einem Filter werden. Stellen Sie sich vor, Ihr Hund verzichtet darauf, alleine loszuziehen, weil ihm ein Spiel mit Ihnen wichtiger ist als alles andere. Das bedeutet nicht, dass er sich nicht auch einmal alleine mit irgendetwas oder irgendwem beschäftigen kann. Er bleibt jedoch die ganze Zeit mit Ihnen verbunden. Ich bin überzeugt, dass es vor allem die Missverständnisse in der Kommunikation zwischen Zwei- und Vierbeinern sind, die einen Hund dazu bewegen, sich immer weiter von seinem Menschen zu entfernen – körperlich wie psychisch. Der Mensch muss sich dann allerdings die Frage stellen, ob er sich nicht schon viel früher von seinem Hund entfernt hat, indem er dessen Botschaften nicht verstanden hat, nicht in der Lage war, seine eigene Kommunikation mit dem Hund zu überprüfen sowie letztlich auch mit sich selbst nicht eindeutig kommunizierte.

Ausdrucksverhalten im Spiel

Signale für Spiel bei Mensch und Hund

Auch Menschen, die nichts von Hunden verstehen, würden sofort erkennen, wenn ein Hundehalter mit seinem Vierbeiner spielt. Irgendetwas ist anders – es liegt eine Spannung in der Luft, die Aufmerksamkeit beider Spielpartner ist extrem hoch, auf den anderen gerichtet. Und trotz aller Ausgelassenheit scheint es Regeln zu geben. Zwei- und Vierbeiner sprechen eine Sprache und drücken diese über ihre Körperhaltung aus. Wenn Ihnen die Möglichkeiten bewusst sind, nur mit Hilfe einer Körperaktion mit dem Hund zu kommunizieren, werden Sie bald nichts anderes mehr tun. Denn wenn Sie Ihren Hund verstehen, versteht er Sie auch.

Spielsignale des Hundes

Alle Säugetiere zeigen im Spiel eine ganz besondere Mimik: Ihr Gesicht wird zu einem Spielgesicht. In der Phase des Spielangebots sehen Sie wache und funkelnde Augen, der Blick ist erwartungsvoll auf den anderen gerichtet, die freudige Anspannung wird in den nach vorne gerichteten Ohren und der manchmal in Falten liegenden Kopfhaut zwischen den Ohren sichtbar. Es mag paradox klingen, aber entspannte Anspannung passt für mich als Beschreibung für diese Mimik am besten.

Das Spielgesicht des Vierbeiners

Ist das Spiel in vollem Gange, kommen weitere Signale im Bereich der Gesichtsmimik hinzu: An erster Stelle steht das spielerische Drohverhalten, bei dem die Zähne entblößt werden und das häufig auch mit Knurr- oder Belllauten verbunden ist. Manchen Hundehaltern ist das Drohen ihres Hundes im Spiel nicht geheuer. Sie brechen das Spiel dann ab, weil sie Sorge haben, es könnte in ein ernstes, aggressives Kräftemessen ausarten. Diese Sorge ist in den meisten Fällen unbegründet. Trotzdem ist es für die eigene Sicherheit wichtig zu wissen, welche Anzeichen dafür sprechen bzw. in welcher Form Aggression im Spiel erlaubt und sogar nötig ist.

Es gibt drei Anzeichen, die deutlich machen, in welcher Stimmung ein Hund ist, der Signale aus dem Aggressionsverhalten zeigt:

1. Jedes Zähnefletschen, Knurren und Drohen wirkt in Verbindung mit dem Spielgesicht völlig übertrieben.
2. Auf einen überfallartigen Angriff reagiert der Hund mit Flucht statt dagegen zu halten.
3. Im körpernahen Spiel setzt der Hund seine Zähne und seinen Körper als Waffe ein, aber immer gehemmt.

Ob es sich um Spielaggression oder um ernstes Drohen handelt, erkennen Sie nur im Zusammenhang mit der ganzen Sequenz. Hier handelt es sich um Aggression im Spiel – anderenfalls hätte ich ein Problem gehabt …

Unsicherheit bei Spielaggression

Ein viertes Anzeichen möchte ich noch separat hinzufügen. Ihr Bauchgefühl sagt Ihnen, dass das hier keine ernste Drohung, sondern Spielaggression ist. Sie spüren, dass Ihr Vierbeiner so sein dürfen muss, damit er überhaupt bereit ist, mit Ihnen zu spielen. Wenn Sie dennoch eine Unsicherheit verspüren, dann kann das mehrere Gründe haben:

- Sie vertrauen Ihrem Hund nicht genug.
- Sie vertrauen Ihren eigenen Fähigkeiten nicht genug.
- An einer anderen Stelle in der Beziehung stimmt etwas nicht.
- Ihr Hund weiß selbst nicht, wie weit er gehen darf.
- Sie wissen, dass Aggressionen normal sind, werden aber trotzdem emotional vom spielerischen Drohen Ihres Hundes aus der Bahn geworfen.

Mimik bei Jagdspielen

Im Jagd- und Laufspiel sehen Sie noch eine weitere Ausdrucksweise des Hundes. Immer dann, wenn der Gejagte dem Jäger im letzten Moment entkommen konnte, scheint sich der Flüchtende regelrecht zu freuen. Er legt die Ohren an. Dadurch wird die Kopfhaut gespannt und die Augen treten deutlicher hervor. Gleichzeitig streckt er den Kopf und hebt ihn leicht an. Das Maul wird nun leicht geöffnet und es sieht aus, als würde der Hund wie im Stress hecheln. Nur, dass es in diesem Rahmen eher wie Erleichterung aussieht. Diese Mimik ändert sich, sobald die Flucht vorbei ist und eine neue Phase beginnt.

Trainertipp

Sie müssen nicht „ausflippen“, um Ihrem Hund zu zeigen, dass Sie spielen wollen. Beobachten Sie genau, wie Hunde spielen und imitieren Sie das.

Durch die übertriebene Mimik im Spiel wirkt es so, als wenn selbst das Knurren durchs Bild hörbar wird.

Spielerisches Beißen

Im ruhigen Kontaktspiel zeigt Ihr Vierbeiner wieder einen anderen Ausdruck: Er schaut Sie dann vielleicht verschmitzt aus dem Augenwinkel an, sein Maul ist weit geöffnet, und er vollführt greifende oder leicht schnappende Bewegungen in die Luft. Das Zähneblecken geht einher mit einer übertrieben weit geöffneten Schnauze, die den Spielpartner geradezu einlädt, es ihm gleich zu tun und dann nur noch mit der Kopfpartie zu spielen. Hunde untereinander beißen sich dann spielerisch in den Fang oder den Hals und halten den anderen auch mal einen Moment lang fest, bis dieser sich wehrt.

Knurren und Bellen im Spiel

Viele sichtbare Spielmerkmale werden von Lautäußerungen begleitet. Das reicht vom leichten Stöhnen über ein leises Knurren bis hin zu lautem Drohgrollen oder offensivem Bellen. Auch die akustischen Signale erscheinen im Spiel übertrieben und unangepasst. Das wiederum ermöglicht eine Unterscheidung zu ernstem Drohen.

Sowohl Mimik als auch Lautäußerungen sind Signale, die Hunde auch im Ernstfall von sich geben. Logischerweise, da Hunde nun einmal neben den visuellen und akustischen Signalen – in Verbindung mit ihrer Körperhaltung – keine anderen Ausdrucksweisen besitzen. Sie können nur anhand der Situation und der oben beschriebenen Kriterien zwischen Spiel und Ernst

Aus dem Stand vollführen Hunde manchmal die seltsamsten Bewegungen – aber selbst für Nicht-Hundehalter ist klar: Das muss Spiel sein.

unterscheiden. Wenn Ihnen diese Unterscheidung schwer fällt, sollten Sie sich erst mit der individuellen Ausdrucksweise Ihres Vierbeiners beschäftigen, vielleicht auch unter Anleitung.

Bewegungsmuster beim Hund

Manchmal hilft ein Blick auf das, was kein Spiel ist, um zu verstehen, welche Merkmale „Spiel" kennzeichnen: Die Körperhaltung und die Bewegungsabläufe eines spielenden Hundes erscheinen wild, ausgelassen und unkontrolliert. Spielhaltung und Bewegungsmuster gehen häufig Hand in Hand. Aus einer Haltung wird eine Bewegung, die dann wieder in einer bestimmten Körperhaltung endet usw.

Sendet ein Hund in der Absprache eindeutige Signale, verläuft das folgende Spiel von ganz alleine in den dafür vorgesehenen Bahnen. Die eindeutigste aller Gesten ist die Vorderkörpertiefstellung.

Zur Erinnerung: Zunächst geht es nur um die Spannung, die erzeugt wird. Einer fixiert den anderen und erstarrt. Der Spielpartner bemerkt das und hält inne. Nun steigt die Spannung. Einer der beiden wird versuchen, diese zu lösen. Derjenige, der auffordert, tut dies eventuell, indem er einen Angriff antäuscht, dann aber sofort wieder innehält. Typische Reaktionen des anderen können sein:

- der Körper wird leicht bis deutlich nach hinten geschoben,
- die Vorderbeine werden abgesenkt, bleiben aber gestreckt, der Blick ist aufmerksam fixierend,

- der hintere Körperteil bleibt oben, der vordere wird leicht bis komplett abgesenkt,
- die Haltung sieht am Ende aus wie ein Diener;
- verharrt der Hund länger in dieser Haltung, können Lautäußerungen, Rutenbewegungen und Kopfbewegungen hinzukommen.

Halten Sie Abstand!

Nicht alle Vierbeiner zeigen diese Reaktion auf das Spielangebot eines anderen so deutlich. Manchmal bleibt ein Hund einfach nur stehen und wartet mitunter lange und geduldig ab.

Die Zeitspanne zwischen Angebot, Reaktion und Spiel hängt davon ab, ob sich die Spielgefährten schnell einig sind. Das Größenverhältnis, die Rasse und das Energieniveau der Hunde spielen hier ebenfalls eine große Rolle.

Schließlich entlädt sich die Spannung in Bewegungen. Ob die Reaktion Ihres Hundes Zeichen für den Beginn eines gemeinsamen Spiels ist, zeigt sich an dem Abstand zwischen den beiden Spielgefährten. Bei einem Spiel im Freien entsteht im Idealfall zuerst ein Jagdspiel. Der Grund dafür liegt in der Bedeutung von Spannung, Druck und Distanz. Wenn Sie es schaffen, den Vierbeiner nur mit Hilfe Ihrer Körperhaltung von sich fern zu halten und gleichzeitig seine Erwartungshaltung auf Ihre nächste Aktion zu steigern, dann läuft alles nach Plan.

Der Jäger umkreist die Beute

Im Laufe eines Jagd- und Laufspiels können beide Partner die Distanz verringern. In der Annäherung verändern sich auch die Bewegungen. Die Aktionen des Hundes gewinnen an gerichteter Spielaggression: Er droht spielerisch und kündigt einen Angriff an. Dabei werden die Zähne entblößt, hinzu kommen Lautäußerungen wie Knurren oder Bellen, und der Hund zeigt kleine Scheinattacken. Auch hier ist das wesentliche Kriterium für die Unterscheidung zwischen Spiel oder Nicht-Spiel der Faktor Spannung und Distanz. Selbst, wenn Ihr Vierbeiner Sie jetzt immer mutiger und dreister bedrängt, bleiben ganz kurze Momente der Spannung ein wichtiger Teil des Spiels.

Körpernah spielen

Hunde haben ein breites Repertoire an Signalen, um ein körpernahes Raufspiel lebendig zu halten. An erster Stelle steht dabei die Vorderkörpertiefstellung, mit der sie immer wieder neue Spannung aufbauen. Gleichzeitig überprüfen sie auf diese Weise, ob der Spielpartner noch immer in Spiellaune ist. Aus dieser Position heraus können unsere Vierbeiner dann in zwei Richtungen agieren: Sie hopsen weg, wenn der Zweibeiner zum Schein angreift. Oder sie starten selbst mit einer Attacke, wenn ihr Spielpartner einen Moment der „Schwäche" zeigt und seinerseits ein wenig Raum preisgibt.

Im direkten Körperkontakt wechseln sich Bewegungen und der Einsatz des Mauls und/oder der Zähne ab. Die deutlichsten Körperaktionen sind

- Angriff auf die Gliedmaßen des anderen,
- der spielerische Versuch, körperlich über den anderen zu gelangen,
- unter den Körper des anderen gelangen zu wollen, um diesen „auszuheben",
- Schieben und Anrempeln des Gegners, um ihn zur Seite zu drängen,
- Schwäche/Selbsthandicap zu zeigen, indem sie sich auf die Seite werfen,

- die Pfoten einsetzen, um den anderen von sich wegzudrücken,
- mit den Beinen klammern, um den anderen festzuhalten,
- Aufreiten, ebenfalls mit dem Ziel, den anderen festzuhalten.

Nicht jedes Umherhopsen ist auch Spiel

Woran können Sie erkennen, ob das Herumhopsen Ihres Hundes nun Spiel ist oder nicht?

Die erste Phase des Spiels, in der einer dem anderen das Angebot für ein Spiel unterbreitet, entscheidet über den weiteren Verlauf. Wird zwischen zwei Spielpartnern keine Absprache getroffen, dann liegt der Verdacht nahe, dass es kein Spiel ist, auch, wenn es danach auszusehen scheint. Es könnte dann zum Beispiel sein, dass einer der beiden über die Bewegungen oder Lautäußerungen lediglich versucht, einen Konflikt zu lösen. Dieser Konflikt kann durch die uneindeutige Absprache oder auch schon viel früher entstanden sein. Auch wenn die Bewegungen denen im Spiel ähneln – die Motivation des Vierbeiners ist Stressabbau durch Bewegung. Näheres dazu finden Sie in dem Kapitel „Konflikte, Grenzen und Aggression " ab Seite 73.

Dem Hund zuhören

Es gibt keinen Bereich der Mensch-Hund-Beziehung, in der es so einfach, aber auch so wichtig ist, die Signale des anderen zu erkennen und zu verstehen. Die einzige Voraussetzung ist, dass Sie bereit sind, Ihren Hund im Spiel so sein zu lassen, wie er ist. Auch Zeichen von Aggression liefern Ihnen alle Informationen, die Sie brauchen, um mit Ihrem Vierbeiner in einer Weise zu kommunizieren, die Sie ihm näher bringt. Unsere Hunde erzählen uns von sich und suchen jemanden, der zuhört.

Die Vorderkörpertiefstellung wie hier beim 2-jährigen Blu ist eine der deutlichsten Reaktionen im Spiel mit Hunden.

Spielsignale des Menschen

Auch beim menschlichen Spielpartner setzt sich das Ausdrucksverhalten zusammen aus der Körperhaltung und der Mimik. Beides ist jedoch viel mehr als nur ein äußerer Ausdruck. Über ihn vermitteln Sie Ihrem Vierbeiner Ihre innere Haltung.

Eine besonders wichtige Rolle bei den Spielsignalen spielt dabei Ihre Mimik. Wenn Sie das Gefühl haben, Ihr Gesichtsausdruck wirke auf einen zuschauenden Dritten völlig irre ... dann ist das genau der Zustand, in dem Ihr Hund Sie sehen möchte!

Bringen Sie sich durch Ihre Mimik in Stimmung

Ihre Mimik dient weniger dem Hund als Informationsquelle als Ihnen selbst. Sicherlich erinnern Sie sich an Ihr früheres Ich, dem das Spiel mit anderen alles bedeutete. Statt also einfach nur meine Anleitungen für ein körperaktives Spiel umzusetzen, sollten Sie den Teil in sich wachrufen, der das alles schon kennt, aber zwischenzeitlich vergessen hatte.

Versetzen Sie sich in Ihren Hund und betrachten Sie sich durch seine Augen. Würden Sie jetzt und hier mit

Stellen Sie sich diesen Ausdruck mal im Gesicht eines Menschen vor ...

jemandem wie Ihnen spielen? Wenn Sie die Frage sofort mit „Ja" beantworten, dann legen Sie das Buch zur Seite und testen Sie, ob Ihr Vierbeiner Lust auf ein Spielchen hat. Falls Sie doch eher mit einem „Nein" antworten – machen Sie das gleiche! Denn nur im Spiel entsteht die Freude am Spiel. Geben Sie Ihrer eigenen Spielfreude Ausdruck. Sie werden sehen, wie schnell Ihr Hund das versteht.

Verhalten Sie sich völlig übertrieben, tun Sie aber so wenig wie möglich. Bringen Sie sich selbst in Spielstimmung, indem Sie über Ihren körperlichen Ausdruck und die Langsamkeit Ihrer Bewegungen eine erwartungsvolle Spannung schaffen, die Sie selbst kaum aushalten. Stecken Sie Ihren Hund damit an, und geben Sie ihm Zeit, sich von Ihrer Stimmung einfangen zu lassen. Selbst wenn es Wochen dauern sollte – irgendwann platzt der Knoten.

Sobald Sie sich von innen heraus ausdrücken, brauchen Sie keine Anleitung mehr. Ich kann Ihnen auch keine Regeln nennen, an denen ich mich orientiere. Was Sie im Spiel ausdrücken, sind Ihre innersten Werte und Gefühle – nicht mehr, nicht weniger. Wie soll ich die in Worte packen?

Spiel findet auf Augenhöhe statt – auch sinnbildlich gesprochen.

Die Körperhaltung des Menschen im Spiel

Spiel findet auf Augenhöhe statt. Aus diesem Grund ist eine tiefe Körperhaltung des Menschen im Spiel mit seinem Vierbeiner sehr vorteilhaft. Schon in der ersten Phase eines Spiels kann eine leichte Veränderung der eigenen Haltung als Signal wirken und dem Hund wichtige Hinweise liefern.

Ihr Körper ist Ihrem vierbeinigen Spielpartner zugewandt. Sie wirken spielerisch bedrohlich und verhalten sich ein bisschen wie ein Wolf kurz vor dem Angriff auf ein Reh. Wenn Sie sich leicht geduckt bewegen, neigen Sie den Oberkörper ein wenig nach vorne. Aus Sicht Ihres Hundes verändert sich Ihre Silhouette – das alleine kann schon die Aufmerksamkeit des Vierbeiners zur Folge haben.

Ihre Arme unterstützen die Spannung, die Sie über Ihre gesamte Haltung aufbauen: Leicht angewinkelt, nah am Körper und bereit zum Zugreifen – natürlich nur sinnbildlich gesprochen. Stellen Sie sich vor, Ihre Arme seien eine Mischung aus Gliedmaßen und Fangwerkzeug. Setzen Sie sie ein, um sich anzupirschen, bereit, jederzeit mit ihnen zuzupacken. Das erhöht die Erwartungshaltung auf Seiten Ihres Spielpartners.

Typische Bewegungsmuster

Allen Bewegungen im körperaktiven Spiel ist eines gemeinsam: Sie werden immer wieder kurz unterbrochen. In den dadurch entstehenden Pausen ist es möglich, sich mit dem Spielpartner darüber abzustimmen, wie es weitergeht.

Wie und wie viel Sie sich bewegen, ist sekundär. Es kommt darauf an, wie geduldig Sie mit sich und Ihrem Vierbeiner sind. Alle Ihre Bewegungen sollten so energiesparend wie möglich sein. Wenn Sie nach fünf Minuten (oder weniger) schon keine Luft mehr bekommen, dann liegt das vor allem daran, dass Sie zu weite Wege gehen und letztlich mehr laufen als Ihr Hund.

Bewegung ist Kommunikation

Bis auf den Einstieg gibt es keine festgelegte Reihenfolge der Bewegungen im Spiel. Ihre Bewegungen sind fast immer eine Reaktion auf die Signale Ihres Spielpartners. Sowohl die Bewegungen als auch die Pausen dazwischen sind die Sprache des Spiels. Je intuitiver Sie Ihre Bewegungsabläufe gestalten, desto freier und emotionsgeladener wird das Spiel.

Selbst im körpernahen Raufspiel bekommen die kurzen Pausen zwischen den Attacken eine enorme Bedeutung: Mit einer unbedachten Bewegung können Sie ohne weiteres ein Spiel beenden. In einer Bewegungspause jedoch bauen Sie eine neue Spannung auf und „riskieren" lediglich, dass das Spiel nach der kleinen Unterbrechung nur noch intensiver weitergeht.

Trainertipp

Wenn Sie körperlich eingeschränkt sind, spielen Sie einfach auf engem Raum. Rauf- und Kontaktspiele mit und ohne Spielzeug bieten sich dann an.

Bedeutung der Hände

Haben Sie sich schon einmal gefragt, was unsere Hände aus Sicht unserer Hunde sein könnten? Ich habe mir diese Frage im Zusammenhang mit dem Spiel gestellt, und mir ist aufgefallen, dass es einen Unterschied gibt, wie und vor allem als was ich meine Hände einsetze.

Hunde greifen im Spiel nicht mit den Pfoten nach dem Partner, um ihn festzuhalten wie ein Beutetier. Sie nehmen hierfür das Maul. Wir jedoch verwenden im Spiel logischerweise unsere Hände, um den Beutefang zu imitieren. Wie das wohl aus Sicht unseres Vierbeiners wirkt, wenn unser Kopf dabei etwas ganz anderes tut …

Der Kopf spielt mit

Wenn ich mit einem kleinen Hund raufe und ihm gegenüber stehe oder besser gesagt liege, verändert sich das Spiel alleine dadurch, dass ich nicht nur

Es lässt sich gar nicht vermeiden, als Mensch auch die Hände im Spiel einzusetzen.

Tun Sie das allerdings mit dem Bewusstsein, dass auch immer der Körper folgen sollte.

mit meinen Händen nach dem kleinen Körper oder seinen Pfoten grabsche, sondern auch meinen Kopf dazu einsetze. Mein vierbeiniger Spielpartner entwickelt auf diese Weise ein enormes Vertrauen. Das hat direkte Konsequenzen für sein Spielverhalten mit mir – im Falle meines eigenen Hundes wird mir dabei auch schon mal richtiggehend mulmig: Wenn ein kleiner, angriffsbereiter Terrier mit gefletschten Zähnen und einem irren Ausdruck in seinen Augen nur fünf bis zehn Zentimeter von meinem Gesicht entfernt einen Angriff startet, dann hilft nur ein gutes Timing. Oder meinerseits genug Vertrauen in den Vierbeiner, dass er früh genug abbremst. Keine Bange! Solange es Spiel ist, ist alles in Ordnung. Da hat der Wahnsinn eben einen Namen.

Versuchen Sie immer, auch Ihren Kopf und Ihren Oberkörper einzusetzen, wenn Sie Ihre Hände als Greifwerkzeug ins Spiel bringen.

Reflexion

Kennen Sie andere Bereiche in Ihrem Leben, in denen es Ihnen schwer fällt, die Kontrolle über jemanden oder etwas abzulegen? Könnte es sein, dass dies der Grund dafür ist, warum Ihr Hund nicht mit Ihnen spielt?

Geräusche und Stimme im Spiel

Hunde knurren und bellen im Spiel. Ob Sie als Zweibeiner das auch in irgendeiner Form imitieren sollten oder müssten, hängt davon ab, wie Sie und Ihr Vierbeiner insgesamt spielen.

Sie können Ihrem Angriff am Beginn eines Jagdspiels noch mehr Ausdruck verleihen, indem Sie sich mit Gebrüll auf Ihren Hund stürzen. Wie das bei Ihrem Spielpartner ankommt, sehen Sie ja dann. Es gibt Hunde, die mögen das, andere sind eher verunsichert und so irritiert, dass an ein Spiel nicht mehr zu denken ist.

Geräuscharm spielen

Gehen Sie im Spiel vorsichtig mit Ihrer Stimme um. Denn eigentlich ist es eher ein Instrument, mit dem wir uns selbst in die entsprechende Stimmung bringen. So geht es mir zumindest. Ist das Spiel erst einmal in vollem Gange, wird die Stimme ohnehin nebensächlich. Im körpernahen Raufspiel stachelt es den Hund meist enorm an, wenn Sie ein Knurren nachahmen und komische Geräusche von sich geben.

Setzen Sie also Ihre Stimme ein, und geben Sie Laute von sich, aber tun Sie es mit Bedacht und sehr umsichtig. Jedes Element hat eine Signalfunktion für den vierbeinigen Spielkameraden. Letztlich entscheidet er, ob er mit dieser Form von Kommunikation im Spiel etwas anfangen kann oder nicht. Vollkommen überflüssig finde ich es, wenn Menschen in die Hände klatschen. Das ist eine Form von Druck, die eher kontraproduktiv wirkt und massive Konflikte bis hin zu Spielabbruch und Flucht verursachen kann.

Körperaktives Spiel in der Praxis

Praktische Übungen für körperaktive Spiele

Ihre eigene Motivation für ein Spiel mit Ihrem Hund ist die Voraussetzung für alles weitere. Wenn Sie jetzt noch offen für Neues und neugierig für die vor Ihnen liegenden Erfahrungen sind, können Sie sich getrost in die Praxis des körperaktiven Spiels stürzen. Die gute Nachricht ist: Sie können nichts falsch machen. Allerdings: Sie müssen ein wenig aus Ihren alten Mustern ausbrechen und Neues ausprobieren. Die Anleitungen und Anregungen auf den folgenden Seiten geben Ihnen Orientierung und Hilfestellung dabei. Und wenn einmal etwas nicht so funktioniert wie beschrieben – nehmen Sie Ihre eigenen Erfahrungen zum Maßstab und gestalten Sie **Ihr** *Spiel. Halten Sie sich an die Grundregeln und alles andere fügt sich von alleine, ganz spielerisch.*

Formen des Spiels

Wenn Sie einen Nicht-Hundehalter fragen würden, was er sieht, wenn zwei Hunde ungehemmt über eine Wiese rennen und sich dabei zu fangen versuchen, dann bekämen Sie ganz sicher die Antwort „Die spielen." Wieso fällt es uns Menschen leicht, das Spiel auch dann als solches zu erkennen, wenn wir über keinerlei Informationen verfügen, wie Spiel zwischen Hunden genau aussieht?

Das Gefühl antwortet

Die Antwort entspringt aus einem tiefen Gefühl, das aus unserer Erinnerung stammt. Wir alle waren Kinder. Wir alle haben als Kinder gespielt – hoffe ich. Und unser Spiel unterscheidet sich gar nicht großartig vom Spiel der Vierbeiner. Wir rufen also unbewusst unsere eigenen Erinnerungen ab und reagieren mehr als das Kind, das wir einmal waren, denn als der Erwachsene, der wir heute sind. In unserem Gehirn sind Bereiche angelegt, in denen so genannte Spiegelneuronen aktiv sind. Kurz gesagt sorgen sie dafür, dass wir Spiel bei anderen erkennen, weil wir selbst einmal genau so gespielt haben. Inklusive aller Emotionen.

Hundespiele – Menschenspiele

Fangen spielen, Verstecken spielen, jemandem auflauern, mit dem Kumpel auf dem Boden raufen, jemanden ganz festhalten, kitzeln und necken, um Spielzeuge streiten – macht es einen Unterschied, ob ich gerade an Vier- oder Zweibeiner gedacht habe? Nein! Sie können mit Ihrem Hund genau so spielen, wie Sie als Kind mit Ihren Geschwistern oder einem Freund gespielt haben.

Und nur so nebenbei: Das können Sie auch heute noch mit Ihren Kindern, Freunden oder Ihrem Partner tun.

Variationen von Spiel

Die verschiedenen Spielformen zu kennen bzw. sich an sie zu erinnern hilft Ihnen, sich in der Praxis von Ihrer Intuition leiten zu lassen. Sie bietet die beste Orientierung für Spiel mit dem Vierbeiner. Wenn Sie dann noch ein Bewusstsein für die Feinheiten entwickeln, werden Sie immer flexibler und können variabler auf die Veränderungen im Verhalten Ihres Spielpartners reagieren. Sie können auch selbst Veränderungen ins Spiel bringen, um zu schauen, ob Ihr Hund noch mitgehen kann oder will.

Rein- und Mischformen von Spiel

Diese Reinformen von Spiel kann man unterscheiden:

- Jagd- und Laufspiele,
- Rauf- und Kampfspiele,
- Kontaktspiele,
- Pflegespiele,
- Spiel um Beute/Spielzeug.

Manchmal treten einzelne Spielformen allein, unabhängig von den anderen auf. Es kommt aber viel häufiger vor, dass sich die verschiedenen Formen vermischen. Sie werden für Ihren Hund zu einem vertrauenswürdigen Spielpartner, wenn Sie einen Wechsel der Spielform erkennen und mitgehen.

Innerhalb der aufgeführten Spielarten gibt es wiederum zahlreiche Varianten. Selbst jedes Laufspiel ist etwas Besonderes, weil auch die Spielpartner einzigartig sind. Ein Raufspiel mit einem kleinen Terrier wiederum nimmt etwas andere Formen an als beispielsweise ein Raufspiel mit einem Hütehund oder einem Rottweiler.

Auch Hunde spielen Verstecken. Dadurch steigt die Spannung im Spiel noch einmal deutlich an.

Die Beobachtung trainieren

Der grobe Rahmen der einzelnen Spielformen dient Ihnen als Orientierung. Nutzen Sie die Einteilung doch eine Zeitlang, um Ihre Beobachtungsgabe zu schulen. Ihr Hund spielt mit anderen, nicht aber mit Ihnen? Dann können Sie durch reine Beobachtung lernen, wie er spielt, wie andere ihn zum Spiel animieren und welche Besonderheiten

Trainertipp

Beobachten Sie, welche Spielform Ihr eigener Hund im Spiel mit anderen bevorzugt – rauft er, jagt er oder streitet er lieber um Beuteobjekte?

Ihr Hund – abhängig von der Spielform – zeigt. Später ahmen Sie dann all das nach, was Sie zuvor beobachtet haben. Sie werden nach kurzer Zeit eine Veränderung feststellen – wenn auch nicht sofort bei Ihrem Vierbeiner, so doch auf jeden Fall bei sich selbst.

Jagd- und Laufspiele

Bei Jagd- und Laufspielen bilden Hunde das Auflauern, Anpirschen, Hetzen und Erlegen eines Beutetieres nach. Jagdspiele sind von hoher Bewegungsintensität geprägt und sind oftmals auch sehr ausufernd. Das heißt allerdings nicht, dass Sie sich vollkommen verausgaben müssen. Denn Jagd- und Laufspiele sind auch immer sehr strategisch.

Ein Scheinangriff im Jagdspiel – hier besteht überhaupt keine Absicht, den anderen zu fangen. Ziel ist, dass das Spiel immer weiter geht.

Ein Beutegreifer tut gut daran, seine Kräfte bei einer Jagd sorgsam einzuteilen, damit am Ende der Erfolg garantiert ist. Genauso lassen sich Jagdspiele zwischen Mensch und Hund gestalten – dynamisch, strategisch, schlau.

Rauf- und Kampfspiele

In jeder Gemeinschaft messen die einzelnen Mitglieder ihre Kräfte. In Raufspielen ist das möglich, ohne gleich eine ernsthafte Auseinandersetzung anzuzetteln. Die Bedingung ist allerdings, dass beide Beteiligten sich sicher sind, dass es sich um ein Spiel handelt. Wenn ein Mensch mit seinem Vierbeiner rauft und kämpft, dann wird das Spielerische daran sichtbar, dass zwischen den einzelnen kurzen Attacken immer wieder kleine Unterbrechungen eingebaut werden. Zum einen kann der Angreifer dadurch eine neue Taktik ausprobieren, zum anderen bekommt der andere dadurch die Gelegenheit sich „zu ergeben“.

Raufspiele beinhalten immer ein hohes Maß an Aggressionen. Schulen Sie bitte Ihre Beobachtungsgabe, um sicher zu gehen, dass Sie sich in einem Spiel befinden. Das ist nicht schwer zu erkennen, aber sehr wichtig.

Kontaktspiele

Zwischen Zärtlichkeit und Rauferei sind sich Mensch und Hund nah. Unter Menschen würde es sich vielleicht um kleine Neckereien handeln, bei denen noch nicht klar ist, in welche Richtung sie sich entwickeln. Kontaktspiele finden auch schon einmal ganz beiläufig statt. Zwischen Mensch und Hund erkennen Sie diese kleinen Momente des Spiels, wenn der Vierbeiner im Freilauf mal eben zu seinem Menschen läuft, spielerisch an ihm hochspringt oder mal eben – mit einem leichten Knurren – die Leine, ein Spielzeug oder eine Hand packt. Diese Spielchen haben oft auch den Sinn, zwischendurch mal gerade ein wenig Dampf abzulassen.

Pflegespiele

Diese Form des Spiels wird von den meisten Hundehaltern nicht als Spiel wahrgenommen. Wenn Sie mit Ihrem Vierbeiner auf dem Boden liegen oder er sich auf dem Sofa neben Ihnen breit macht und sich den Bauch kraulen lässt – dann streicheln Sie Ihren Hund nicht, Sie spielen mit ihm. In Pflegespielen wird das natürliche Pflegeverhalten der Elterntiere nachgeahmt. Es macht unterm Strich nur einen kleinen Unterschied, ob Sie es Pflegespiel oder Streicheln nennen. In Ihrer Haltung zu Ihrem Vierbeiner verändert die neue Sichtweise auf dieses Verhalten allerdings eine ganze Menge: Ihr Hund möchte jetzt nämlich nicht mehr gestreichelt werden – Sie suchen den Spielkontakt zu Ihrem Hund. Wenn Ihnen diese Spielform besonders leicht fällt, dann dehnen Sie diese Leichtigkeit und Selbstverständlichkeit doch einfach weiter aus. Lernen Sie, auch in den anderen Spielformen ein cooler Spielpartner Ihres Vierbeiners zu werden.

Ein Grashalm ist manchmal besser als nichts. Um mit dem Hund ein kurzes Spiel zu spielen, sind viele Mittel recht.

Phasen des Spiels

Die Art und Weise, wie Spiel zwischen Ihnen und Ihrem Hund aussieht und verläuft ist sehr individuell. Ihre Tagesstimmung und die Ihres vierbeinigen Freundes beeinflussen, ob und wie Sie spielen. Vielleicht besitzt das Spiel insgesamt eine geringere Bedeutung in Ihrem Leben, so dass nur von Zeit zu Zeit ein Spiel mit Ihrem Vierbeiner zustande kommt.

Wenn Sie sich für ein Spiel entschieden haben – oder Ihr Hund das für Sie getan hat –, verläuft es in klar erkennbaren Phasen. Die Phasen, die ich gleich beschreibe, können immer wieder in Reihenfolge und Dauer variieren. Mit Ausnahme der ersten Phase eines Spiels zwischen Zwei- und Vierbeiner. Diese ist immer gleich.

Der direkte Körperkontakt ist im Spiel ein wichtiges Signal, um auch die soziale Komponente von Spiel abzudecken. Das spielerische Beißen ist hier ein Vertrauensbeweis.

Phase 1: Die Absprache

Bevor ein Spiel beginnt, müssen sich die beiden Spielpartner darauf verständigen, ob und wie sie spielen wollen. In der ersten Phase zeigt einer dem anderen, dass er in Spiellaune ist und „fragt" ihn, wie das bei ihm aussieht. Dafür müssen zwei Voraussetzungen erfüllt sein:

- Beide verstehen die Signale des anderen, mit denen er ein Spiel anbietet.
- Beide können dem anderen in einer gemeinsamen Sprache antworten.
- Hunde verfügen über ein großes Repertoire an Signalen, die sie ausschließlich über ihre Körperhaltung und Mimik zeigen. Auch eine Aufforderung zum Spiel wird auf diesem Wege gesendet. Das kann durch eine ganz deutliche Haltung sein – z.B. die Vorderkörpertiefstellung –, aber auch durch übertriebene, unkoordiniert erscheinende Bewegungsabläufe. Wenn Sie Ihren Hund zu einem Spiel einladen möchten, dann funktioniert das nur in seiner Sprache. Sie können sowohl die Mimik eines Hundes als auch seine Bewegungen imitieren und ihm so zeigen, dass Sie bereit für ein Späßchen sind. Alle Signale dieser Phase sind sehr fein und wirken wenig aufdringlich.

Phase 2: Die Spannung steigt

Ein Spielpartner hat dem anderen jetzt zu verstehen gegeben, dass er in Spielstimmung ist. Der andere steigt darauf ein und antwortet mit einem „Okay, dann zeig einmal, was du zu bieten hast". Diese zweite Phase des Spiels ist ausschlaggebend dafür, ob es tatsächlich ein Spiel wird. Wenn ja, dann entscheidet einer der beiden Partner im nächsten Schritt, womit es beginnt. Die Spannung, die in dieser Phase entsteht, ist das wichtigste Element des Spiels zwischen Menschen und ihren Hunden. In dieser Spannung erlebt ein Vierbeiner, der bislang noch nicht ohne Hilfsmittel mit seinem Halter gespielt hat, den Zweibeiner als ernst zu nehmenden Spielpartner. Die Voraussetzung dafür ist eine klare und für den Hund verständliche Ausdrucksweise. Bevor es wirklich wild und tabulos wird, braucht es einen kurzen Moment der Ruhe, in der die Erwartung immer weiter ansteigt und sich schließlich im Spiel selbst entlädt. Die zweite Phase dient Ihnen auch als Indiz dafür, ob es sich wirklich um ein Spiel handelt. Ein Hund, der die wachsende Spannung nur kurz oder gar nicht aushält und sofort in seinen Menschen hinein springt, spielt nicht. Er sucht nach einem Ventil für seinen Konflikt, der aus der Spannung entstanden ist. Wie Sie damit umgehen können, zeige ich Ihnen im vierten Kapitel des Buches.

Der 4-jährige Münsterländer Digger ist bereit, auf ein Spielangebot einzugehen. Jetzt fehlt nur noch der passende Spielpartner.

Reflexion

Wie viele Situationen fallen Ihnen ein, in denen Sie unbeabsichtigt gegen die Regeln des Spiels verstoßen haben? Erkennen Sie einen Zusammenhang zwischen den Anleitungen und Ihren eigenen Erfahrungen?

Phase 3: Die Grenzen fallen

Es ist nicht wichtig, mit welcher der verschiedenen Spielformen das gemeinsame Spiel beginnt. Entscheidender sind Ihre innere Haltung und Ihr Bewusstsein für das Spiel mit Ihrem vierbeinigen Spielpartner. Sind Sie bereit, Grenzen aufzugeben und dem Hund Dinge durchgehen zu lassen, die Sie im Alltag eher unterbinden würden? Wie reagieren Sie, wenn Ihr Vierbeiner Sie anknurrt, anspringt, seine Zähne einsetzt und sich am Boden über Sie her macht? Ist das für Sie Teil des Spiels – denn das ist es. Oder schränken Sie es ein, aus Angst, daraus könnte eine Respektlosigkeit oder Dominanz erwachsen?

Spiel, in dem zu früh Grenzen gesetzt werden, ist kein Spiel mehr. Da Sie dem Hund aber kurz zuvor signalisiert haben, mit ihm spielen zu wollen, versteht Ihr Vierbeiner die Welt nicht mehr, wenn Sie Ihre Spielbereitschaft immer wieder zurückziehen. Ernsthafte Probleme können nur dann entstehen, wenn Sie glauben, mit Ihrem Hund zu spielen und dabei die Signale Ihres Spielpartners übersehen, dass das aus seiner Sicht alles andere als Spiel ist. Statt also dem Hund im Spielgeschehen die Spielregeln beibringen zu wollen, lernen Sie genau hinzuschauen. Spiel ist nur dann Spiel, wenn es das wirklich für beide Partner ist.

Phase 4: Pausen und Übergänge

Diese vierte Phase ist nicht eindeutig definiert. Sie kommt und geht, mal deutlicher, mal ganz unmerklich. In jede aktive Spielphase kehrt auch mal Ruhe ein. Dann fragen beide Spieler noch einmal nach, ob und wie es weitergeht. Das gemeinsame Spiel wechselt dann vielleicht in eine andere Form. Oder es geht auf die gleiche Art wie zuvor einfach weiter. Ein Rollentausch – zum Beispiel vom Jäger zum Gejagten – verändert das Spiel. Oder das „Beutetier" wird ergriffen und zu Boden gerungen.
Pausen und Übergänge haben eine sehr große Bedeutung für das gegenseitige Verständnis. Mensch und Hund können sich noch einmal kurz sammeln und den anderen beäugen. Wenn beide bereit sind für einen weiteren Durchgang, dann kann in einer kurzen Pause noch einmal die nötige Spielspannung aufgebaut werden. Wenn Sie einen Übergang in eine andere Spielform aktiv gestalten möchten, müssen Sie die anderen Spielvarianten kennen und variabel einsetzen können. Es kommt häufig vor, dass Hunde mit kleinen Gesten andeuten, wie das Spiel aus ihrer Sicht weitergehen könnte. Wenn Sie das verstehen und den Wechsel mit Ihrem Hund mitgehen, entsteht ein enormes Vertrauen auf Seiten Ihres Hundes. Er erkennt, dass Sie seine Signale richtig interpretieren und fühlt sich verstanden. Das ist die Basis für eine funktionierende Beziehung.

Phase 5: Das Ende des Spiels

Es spielt keine Rolle, wer das Spiel beginnt, also ist es auch unerheblich, wer es beendet. Genau so, wie einer von Ihnen beiden zu verstehen gibt, dass ein Spiel starten könnte, gibt einer von Ihnen auch Signale für das Ende eines Spiels. Sobald Sie Ihre Körperhaltung und Ihre Spannung verändern, wird Ihr Hund verstehen, dass es nun Zeit ist, wieder in einen ruhigeren Modus überzugehen. Das gleiche wird Ihr Vierbeiner Ihnen zeigen, wenn es aus seiner Sicht Zeit für etwas anderes ist.
Dieser Übergang von einem hohen Energielevel im Spiel zu einem niedrigeren verläuft in Stufen. Wenn Sie mit 140 km/h über die Autobahn fahren und vor Ihnen ein Stauende auftaucht, dann beginnen Sie frühzeitig zu bremsen. Denn Sie wissen, dass es einen Bremsweg gibt und dass die Energie, mit der Sie sich fortbewegen, Zeit braucht, um abgebaut zu werden. Genauso verhält es sich auch mit dem Spiel mit Ihrem Vierbeiner. Verzichten Sie bewusst auf Kommandos, mit denen Sie Ihren Spielpartner direkt im Anschluss an ein Spiel in die Ruhe zwingen wollen. Das ist weder sinnvoll noch klug. Im schlimmsten Fall verbindet er diese Aktion noch mit dem Spiel und verliert so die Motivation. Wenn Sie glauben, Ihr Hund komme anders nicht zur Ruhe – sind Sie sich sicher, dass das vorher ein Spiel war?

Spiel aktiv gestalten – die Anleitungen

Die folgenden Übungen zeigen Ihnen Schritt für Schritt die verschiedenen Phasen und Formen des Spiels. Zu Beginn kann es sinnvoll sein, die einzelnen Schritte in der vorgegebenen Reihenfolge durchzugehen. Sobald Sie in Ihrer Wahrnehmung sicherer und in Ihrem Spiel mit dem Hund variabler werden, fließen die verschiedenen Elemente des Spiels ineinander. Dann ist die Reihenfolge vollkommen egal und es gibt keine Übungen mehr.

Manchmal laufen die Dinge anders als wir es uns vorstellen. Bleiben Sie einfach am Ball und finden Sie Ihre ganz individuelle Spielform.

Übung Die Absprache

Schritt 1: Schaffen oder nutzen Sie den Abstand zwischen sich und Ihrem Hund. Wenn Ihr Vierbeiner einen kleinen Moment ablenkt ist, verharren Sie und nehmen Sie eine leicht gespannte Haltung ein.

Trainertipp

Finden Sie heraus, wo es sinnvoll ist, Ihren Hund „anzuspielen“. Beginnen Sie ruhig zu Hause – im Wohnzimmer, im Garten oder auf dem Bett.

Mein Angebot wird von Blu mit einer deutlichen Spielgeste beantwortet – der Vorderkörpertiefstellung. Ganz wichtig: Die Distanz zwischen uns bleibt erhalten, Blu nähert sich nicht an.

Schritt 2: Nimmt Ihr Hund Sie aus dem Augenwinkel wahr – oder schaut er schon jetzt aufmerksam oder überrascht in Ihre Richtung – verändern Sie Ihre Haltung deutlich, so dass Sie „Achtung!“ auszudrücken scheint. In dieser Haltung bleiben Sie und warten seine Reaktion auf Ihre Aktion ab.

Schritt 3: Ihr Hund reagiert. Das kann in Form einer erhöhten Körperspannung seinerseits sein, vielleicht verbunden mit einem leicht irritierten oder schon erwartungsvollen Blick. Ihre Körperhaltung verunsichert ihn. Das kann sich in einem Schwanzwedeln oder einer deutlicheren Reaktion wie der Vorderkörpertiefstellung zeigen.

Schritt 4: Lassen Sie seine Anspannung auf sich wirken und überprüfen Sie, wie hoch seine Spielmotivation schon ist. Deuten Sie mit einer kleinen, aber dynamischen Körperbewegung einen Angriff an, vermeiden Sie es jedoch, schon jetzt vollkommen zu eskalieren. Wenn Ihre ruckartige Bewegung eine ebenso feine, aber deutliche Reaktion Ihres Spielpartners auslöst, ohne dass dieser an Spannung verliert, bleiben Sie einen Moment ruhig, und starten Sie dann einen ersten Überfall, um zu schauen in welche Richtung sich das Spiel nun entwickeln wird.

Ich deute mit einer kleinen Bewegung des Oberkörpers einen Scheinangriff an. Egal wie Blu reagieren würde – ich mache nichts weiter. Der Rüde springt zur Seite, ...

... um sofort wieder ruhig zu werden und zu schauen, was als nächstes kommt. Ich bleibe nach wie vor fast unverändert in meiner Position und will es genauer wissen.

Auch mein zweites Spielangebot beantwortet der 2-Jährige mit „Ja, ich will auch spielen“. Jetzt kann alles passieren, ein Jagdspiel wäre die logische Folge dieser kurzen Sequenz.

Übung

Grenzen fallen

Schritt 1: Die Spannung und Motivation ist auf beiden Seiten auf dem Höhepunkt. Was jetzt folgt, kann unmöglich etwas anderes sein als Spiel. Wenn Sie Ihren Hund schon gut kennen und genau wissen, welche Spielform er bevorzugt, dann können Sie diese mit Ihrem ersten Schritt auslösen. Nehmen wir einmal an, es entwickelt sich ein Jagd- und Laufspiel. Starten Sie einen Angriff, der so intensiv ist, dass Ihr Hund in die Rolle des Beutetieres schlüpft und vor Ihnen flüchtet.

Schritt 2: Der Blick des Vierbeiners verrät Ihnen, wie groß seine Erwartung ist, dass Sie bereit sind, den Jäger zu spielen. In dem Moment, in dem er die Flucht ergreift, wirft er Ihnen einen kleinen Kontrollblick über die Schulter zu und wartet förmlich darauf, dass Sie Ihr Glück versuchen, ihn zu erwischen. Jagen Sie ihn ein paar Schritte oder Meter, um die Distanz zwischen Ihnen beiden so groß wie möglich werden zu lassen.

Schritt 3: Kurz bevor der Hund von sich aus eindreht und wieder den Kontakt zu Ihnen sucht – er will ja, dass es weitergeht –, bleiben Sie stehen und nehmen die Haltung ein, die Sie in der Phase der Absprache eingenommen haben. Halten Sie die Spannung und warten Sie auf die Reaktion des Spielpartners. Bleibt auch er stehen und wartet auf Ihre Aktion, können Sie

- sich anschleichen und einen zweiten Angriff vorbereiten,
- sich wegschleichen und so tun, als wüssten Sie sich keinen Rat mehr,
- an Ort und Stelle verharren, bis er Ihnen etwas anbietet.

Schritt 4: Ihr Hund bleibt seinerseits abwartend stehen und überlässt Ihnen den nächsten Schritt. Sie können wie in Schritt 1 erneut Spannung aufbauen und einen weiteren Angriff starten. Oder Sie treiben das Spiel so weit, dass Ihr Hund einen neuen Versuch unternimmt und von sich aus flüchtet – ohne Ihr Zutun. Damit erhalten Sie ein deutliches Zeichen dafür, wie wichtig ihm das weitere Spiel mit Ihnen ist.
Wenn Sie jetzt wissen, wie viele verschiedene Spielformen es gibt, die auch noch ineinander greifen, dann können Sie das Spiel lange fortführen und sehr abwechslungsreich gestalten.

Hovawart-Mischling Baijra erscheint auf den ersten Blick vollkommen desinteressiert am Spielangebot ihres Zweibeiners.

Auf den zweiten Blick verstärkt sich der Eindruck noch, doch er täuscht gewaltig!

Baijra wollte nur auf Nummer sicher gehen und es ganz genau wissen – jetzt explodiert sie fast und wirft dem Menschen noch einen kurzen Blick zu, ...

... bevor die sieben Jahre alte Hündin das Weite sucht, um in der Folge aus der Distanz ihrerseits einen Angriff vorzubereiten.

Übung

Jagd- und Laufspiel

Schritt 1: Ihr Hund reagiert auf Ihren ersten Angriff mit Flucht und kann Ihnen entkommen. Jetzt geht es darum, das Spiel fortzuführen. Nutzen Sie dazu erst einmal die Motivation des Hundes, auf Ihre Angriffe hin zu flüchten. Bauen Sie immer wieder kurze Pausen in Ihre Angriffsbemühungen ein. Stellen Sie sicher, dass die Motivation hoch bleibt.

Schritt 2: Bereiten Sie jetzt einen Angriff vor, der deutlicher die Absicht zeigt, den Hund auch erwischen zu wollen. Pirschen Sie sich vorsichtiger an, versuchen Sie tatsächlich so nah wie möglich an den Vierbeiner heranzukommen. Nehmen Sie sich bewusst sehr, sehr viel Zeit, um den Angriff vorzubereiten. Denken Sie sich eine Strategie aus, mit der Ihr Spielpartner nicht rechnet. Schleichen Sie zum Beispiel in einem Bogen auf den Hund zu, oder schneiden Sie ihm den Weg ab.

Ein wenig gedankenverloren nähert sich Border-Mischling Benny der Hürde, ...

Trainertipp

Stellen Sie Ihrem Hund in Aussicht, das Spiel gewinnen zu können. So wird er beim nächsten Mal ganz sicher wieder mit Ihnen spielen wollen.

Schritt 3: Im jetzt folgenden Angriff sollte es Ihnen fast gelingen, den Vierbeiner zu erwischen. Vollziehen Sie die Attacke so, dass Sie sehr nah an ihn herankommen. Passen Sie jedoch auf, dass Sie ihn nicht wirklich zu fassen bekommen oder sogar körpersprachlich ausbremsen, indem Sie sich von vorne auf ihn zu bewegen. Das könnte dazu führen, dass er Sie missversteht und denkt, das Spiel sei vorbei und er solle sich Ihnen respektvoll und ruhig nähern. Das soll er auf keinen Fall!

Schritt 4: Auch wenn es Ihnen gelingen würde, den Vierbeiner zu fangen – tun Sie so, als seien Sie zu langsam oder zu schwach! Geben Sie sich selbst ein Handicap und machen Sie ihn damit stark. Dieses Selbstbewusstsein kommt Ihnen beiden später im Raufspiel zugute, wenn es darum geht, körpernah Druck aufzubauen und den Hund zu motivieren, dagegen zu halten. Dazu muss er wissen, dass er eine Chance hat zu siegen.

... hinter der plötzlich seine Halterin auftaucht und einen Angriff startet.

Der Halterin wäre es ohne weiteres gelungen, den 3-Jährigen festzuhalten. Sie täuscht eine Schwäche vor, um Benny zu stärken.

Übung

Pausen erzwingen

Dosieren Sie Ihre Kraft und sparen Sie Energie, wenn Sie mit Ihrem Hund ein Jagdspiel gestalten. Eines der wichtigsten Elemente in der Kommunikation zwischen Zwei- und Vierbeinern ist die Bewegungseinschränkung. Im Rahmen der sprachfreien Führung eines Hundes verschaffen Sie sich hierdurch Respekt und sichern sich die ruhige Aufmerksamkeit Ihres Hundes. Im Spiel können Sie das gleiche Mittel einsetzen, um eine kleine Spielpause zu gestalten, in der eine neue Absprache zwischen Ihnen und Ihrem Vierbeiner getroffen werden kann. Sie wirken dabei nicht auf den Hund ein, sondern auf seine Laufrichtung und schneiden ihm somit quasi den Weg ab.

Ich folge der Laufrichtung des flüchtenden Pudels mit einer leichten Seitwärtsbewegung.

Praxisbeispiel

Wenn Sie einen sehr spielfreudigen, motivierten Hund haben und ein ausgelassenes Spiel beenden wollen, dann achten Sie bitte darauf, ihm etwas mehr Zeit zu geben. Setzen Sie eine kurze Grenze und bestehen Sie nicht sofort auf absoluter Ruhe. Wiederholen Sie Ihre Signale lieber mehrmals und bringen Sie ihm Verständnis entgegen, wenn es ein bisschen dauert.

Meine Energie hindert Blu daran, weiter zu laufen – er weiß, dass ich gedanklich schon da bin, wo er hinlaufen will.

Die Folge: Blu stoppt seine Flucht. Das motiviert mich, ebenfalls abzustoppen. Jetzt ist Raum für eine neue Absprache.

Übung

Rollentausch im Jagd- und Laufspiel

Ihr Hund ist in die Rolle des Gejagten geschlüpft und füllt diese auch aus. Nachdem Sie ein paar Mal versucht haben ihn zu fangen, drehen Sie den Spieß einfach einmal um und werden selbst zum Gejagten. Nutzen Sie den Moment, in dem sich Ihr Hund auf maximaler Distanz zu Ihnen befindet. Jetzt drehen Sie ab und flüchten vor ihm. Warten Sie damit jedoch, bis er sich schon so weit zu Ihnen umgedreht hat, dass er Ihre Flucht auch erkennen kann.

Schlagen Sie nun entweder einen Haken, wenn Ihr Vierbeiner sich Ihnen nähert, oder bleiben Sie auf einer geraden Linie und geben Sie Ihrem Hund die Chance, Sie zu erreichen.

Nach dem Hakenschlagen tauschen Sie die Rolle wieder und werden zum Jäger. Alternativ dazu lassen Sie sich von Ihrem Hund erwischen, stolpern, so dass er sie zu Boden bringen kann. Nun kann es mit einem Raufspiel weitergehen, in dem Sie die Abwehrbemühungen des Beutetieres simulieren.

Ein ganz normales Jagdspiel – einer ist der Jäger, der andere der Gejagte.

Ihr Halter verfolgt die einjährige Dhira, um die größtmögliche Distanz aufzubauen.

Als der kleine Podenco-Mischling weit genug entfernt Ist, dreht sich ihr Mensch um und wird zum Gejagten.

Diese Chance lässt sich Dhira nicht entgehen und startet einen Versuch, die Beute zu fangen. Der Mensch konnte gerade noch entkommen ...

Übung

Verstecke einbauen

Schritt 1: Sie können ein Jagdspiel spannender machen, indem Sie ein Versteck in das Spiel einbauen. Nutzen Sie einfach die Verstecke, die da sind – einen Baum, einen Schuppen, eine Regentonne oder einen Busch im Garten. Verstecken Sie sich anfangs so, dass Ihr Hund Sie dabei beobachten kann.

Schritt 2: Nehmen Sie sich einen Moment Zeit, um die Erwartung Ihres Spielpartners zu steigern. Er weiß nicht, wann und an welcher Stelle Sie wieder auftauchen. Das kommt dem gemeinsamen Spiel sofort wieder zu Gute.

Schritt 3: Zeigen Sie sich kurz, verstecken Sie sich dann noch einmal. Wenn Sie merken, dass Ihr Hund seine Körperhaltung verändert und schon ganz gespannt darauf wartet, was nun passiert – schleichen Sie sich kurz an oder starten Sie direkt einen Angriff – je nach Spannung Ihres Hundes.

Schritt 4: Der Hund ist bereit, sich wieder jagen zu lassen. Spielen Sie um das Versteck herum. Oder variieren Sie das Spiel, indem Sie ein zweites Versteck einbauen. Oder wechseln Sie in eine andere Spielform.

Schäferhund Merlin sieht mich hinter der Wand verschwinden und schaut etwas irritiert, als ich nicht gleich wieder auftauche.

Obwohl er mich noch nicht sehen kann, spürt er, dass irgendetwas im Gange ist.

Als ich mich anschleiche, geht Merlin sofort in eine angespannte Haltung, um zur Not fliehen zu können.

Das wird auch nötig, denn ich nutze seine Erwartung und vollführe eine kleine Scheinattacke.

Übung Versteckspiel-Variante I

Es erscheint willkürlich, wie Verstecke ins Spiel eingebaut werden. Aus Sicht des Hundes machen aber eben die kleinen Variationen in den Abläufen den Reiz des Versteckspiels aus. Wenn Sie variantenreich spielen und auch Verstecke immer wieder abwechslungsreich ins Spiel einfließen lassen, steigert das die Motivation des Hundes für ein Spiel mit Ihnen automatisch.

In dieser Variante ändert sich lediglich die Laufrichtung. Für den Vierbeiner entsteht hieraus aber ein neues Spiel.

Machen Sie sich aber immer bewusst, dass Hunde die Welt anders wahrnehmen als wir. Kleine Veränderungen bedeuten für Hunde oft, dass hier was völlig Neues passiert. Manchmal verunsichert sie das, ein anderes Mal zieht es sie magisch an. Ändern Sie immer wieder Kleinigkeiten, und Ihr Hund bleibt neugierig.

Wieder sieht der Schäferhund-Rüde mich hinter der Wand verschwinden.

Diesmal schleiche ich aber um das Versteck herum und ...

... attackiere von der anderen Seite. Damit hat Merlin nicht gerechnet und flieht.

Er ist mir die ganze Zeit zugewandt und sucht von sich aus die Fortsetzung unseres Spiels.

Übung

Versteckspiel-Variante II

Ihr Hund flüchtet vor Ihnen und versteckt sich. Jagen Sie ihm nicht sofort nach, sondern verharren Sie so, dass Ihr Hund Sie einen Moment lang nicht sehen kann. Wenn Sie merken, dass er auf der anderen Seite hinter dem Versteck hervorkommt, folgen Sie ihm, so dass Sie jetzt das Versteck für Ihren Angriff nutzen können. Auf diese Weise motivieren Sie Ihren Hund, selbst verschiedene Varianten ins Spiel einzubauen. Mehr Beweise brauchen Sie nicht, um zu wissen, dass Ihr Vierbeiner Sie als seinen Spielpartner anerkennt.

Wenn es Ihnen schwerfällt, auch mal die Füße still zu halten, dann kann Ihnen der bewusste Einsatz von Verstecken und Hindernissen helfen, sich in Geduld zu üben. Es läuft immer wieder auf die Grundregel des Spiels zwischen Mensch und Hund hinaus: Erst Spannung und Distanz, dann Bewegung und Aktion, dann wieder kurze Phasen der Ruhe, um erneut Spannung aufzubauen. Nutzen Sie diese Erkenntnis, denn ohne Spannung kein Spiel.

Jetzt nutzt Merlin das Versteck, um mir zu entkommen.

Als ich nicht sofort folge, schleicht er um das Versteck herum.

Erst, als er es vollständig umkreist hat, folge ich, so dass er mich nicht sehen kann.

Er hat nicht damit gerechnet, dass ich mich auf der Rückseite anschleiche und flüchtet überrascht.

Übung

Ein Raufspiel vorbereiten

Schritt 1: Selbst wenn das Raufspiel im Vergleich zum Jagd- und Laufspiel körpernah verläuft, braucht auch diese Spielform eine deutliche Absprache, immer wieder kurze Momente der Distanz sowie Pausen, um neue Spannung aufzubauen. Im Idealfall befinden Sie sich schon in einer tiefen Körperhaltung. So versteht Ihr Hund schneller, was als nächstes passieren könnte.

Schritt 2: Eine kleine Körperbewegung von Ihnen löst eine Reaktion des Spielpartners aus. Die Intensität der Aktion ist jedoch im Vergleich zum Jagdspiel deutlich niedriger. Die Nähe zwischen Mensch und Hund soll ja erhalten bleiben, eine Flucht des Vierbeiners ist nicht gewünscht.

Schritt 3: Die Absprache zwischen Mensch und Hund ist unbedingt nötig, damit der Vierbeiner Körperberührungen – zum Beispiel durch kurze Angriffe gegen die Pfoten oder die Beine – als Teil des Spiels verstehen kann. Die Aktion Ihres Körpers oder Ihrer Hände muss jetzt sehr dosiert erfolgen. Behalten Sie viel Spannung aufrecht.

Schritt 4: Statt zu fliehen wendet der Hund sich nach einer kurzen ausweichenden Bewegung sofort wieder seinem Spielpartner zu. Das ist der Moment für eine kurze Pause, in der eine neue Absprache über das weitere Vorgehen getroffen wird.

Trotz körperlicher Nähe bleibt die Spannung zwischen Itzy und mir erhalten.

Eine kleine Bewegung löst sofort eine dynamische Reaktion meines Hundes aus.

Raufen und Kämpfen – voller Körpereinsatz

Je näher sich Hund und Mensch im Spiel körperlich kommen, desto größer wird der aggressive Anteil. Das äußert sich durch einen vermehrten Einsatz des Körpers: Die Zähne werden beim spielerischen Drohen entblößt und auch als Waffe eingesetzt. Auf den ersten Blick scheint es, als würde einfach nur gekämpft. Doch dem ist nicht so. Das körpernahe Raufspiel braucht noch viel mehr Bewusstsein für die Regeln des Spiels auf Seiten des Menschen als ein Jagdspiel.

Der Grund liegt darin, dass Nähe auch immer Konflikte mit sich bringen kann. Eine kleine Bewegung von Ihnen, die Ihr Hund nicht einschätzen kann, sorgt dann dafür, dass der Vierbeiner eine respektvolle Demutshaltung einnimmt. Problematisch dabei ist, dass Demutsgesten der Mimik und den Bewegungen im Spiel sehr ähnlich sind.

Trainertipp

Beginnen Sie ein Raufspiel nie, indem Sie sofort Ihre Hände einsetzen und den Hund berühren. Was daraufhin folgt, kann ein Spiel sein, muss es jedoch nicht.

Folglich halten viele Zweibeiner die Reaktionen des Hundes immer noch für Spielbewegungen. Mehr dazu finden Sie im letzten Kapitel „Konflikte, Grenzen und Aggression". Von diesem Moment an kommunizieren Hund und Mensch nicht mehr. Der Hund versucht, dem Menschen demütig Respekt zu zollen. Der aber denkt, die Gesten seines Vierbeiners seien Teil des Spiels. Ein Missverständnis, das im weiteren Verlauf die Beziehungsqualität gefährdet.

Meine Hand deutet einen Angriff an, dem Itzy mit einer übertriebenen Bewegung ausweicht, …

… um dann gleich wieder die Nähe für eine weitere Rauferei zu suchen.

Übung
Raufspiele I

Es gibt nichts Wichtigeres im Spiel mit dem Hund als eine deutliche Absprache und viel Spannung. Wenn sich Mensch und Hund zu Beginn eines Spiels geduldig aufeinander einlassen, ist alles, was dann folgt, der pure Spaß. Der ideale Einstieg in ein Rauf- und Kampfspiel sieht so aus:

Schritt 1: Begeben Sie sich auf Augenhöhe zu Ihrem Hund. Bauen Sie nur durch Ihre Körperhaltung Spannung auf, und warten Sie einfach geduldig ab, was Ihr Spielpartner Ihnen anbietet.

Schritt 2: Überlassen Sie Ihrem Hund den nächsten Schritt. Fixieren Sie ihn mit Ihrem Blick, deuten Sie eine leichte Bewegung in seine Richtung an und – warten Sie ab, was geschieht.

Schritt 3: Provozieren Sie Ihren Hund, indem Sie – genau: abwarten. Kleine Veränderungen im Blick, eine klitzekleine Geste mit dem Kopf oder mit der Schulter, ein leichtes Zucken mit dem Oberkörper – und Sie erhalten sofort eine Reaktion von Ihrem vierbeinigen Spielpartner.

Schritt 4: Lösen Sie die Spannung nun durch eine deutlichere Geste auf. Ermöglichen Sie dem Hund auf diese Weise, seiner Erwartung kurz Luft zu machen, um dann in die nächste Runde zu gehen.

Tiefe Position des Menschen und angedeutete Vorderkörpertiefstellung bei Husky-Mix Luke – daraus könnte ein Raufspiel werden.

Luke hält die Spannung kaum noch aus und bellt die Halterin aus kurzer Distanz an. Dabei senkt er den Körper weiter ab: ein deutliches Spielsignal.

Offensives Drohen mit Zähneblecken im Spiel – erst im Zusammenhang mit der gesamten Sequenz wird deutlich, dass es sich immer noch um Spiel handelt.

Die Halterin richtet sich leicht auf und animiert Luke damit zu einer kurzen Distanzvergrößerung, um sich und seiner Anspannung Luft zu machen.

Übung

Raufspiele II

Schritt 1: Hund und Mensch befinden sich bereits im Spiel am Boden. Spannung und Erwartung sind auf beiden Seiten vorhanden. Deuten Sie einen Angriff auf die Pfoten Ihres Hundes an – sehr kurz und unter Umständen ganz ohne Berührung.

Schritt 2: Nehmen Sie sich und Ihre Hand deutlich zurück und überlassen Sie die nächste Aktion Ihrem Spielpartner. Senken Sie dabei Ihren Oberkörper ruhig noch weiter ab und machen Sie sich klein. Im günstigsten Fall folgt Ihr Vierbeiner Ihrer Bewegung und versucht nun seinerseits, Ihre Hand oder Ihren Arm zu erwischen.

Schritt 3: Sobald Sie merken, dass Ihr Hund bereit ist, sich körperlich gegen Sie durchzusetzen, senken Sie den Oberkörper noch weiter ab. Der Vierbeiner muss nun alle Kraft und seinen ganzen Mut zusammennehmen, um unter Sie zu kommen. Er gräbt sich quasi zu Ihnen durch.

Schritt 4: Stemmen Sie sich mit dem Körper statt mit der Hand gegen den Hund. Die Hand würde Ihren Spielpartner jetzt viel zu weit von Ihnen fern halten. Das ganz nahe Raufen ist jetzt das Ziel. Dabei dürfte Ihr Hund sogar auf Ihnen stehen oder versuchen, sich von einer anderen Seite einen Weg zu Ihnen zu bahnen.

Die abgesenkte Körperhaltung des 2-jährigen Luke zeigt, dass er im Spielmodus ist. Er versucht, den rechten Arm zu erwischen. Seine Halterin greift das Vorderbein an.

Als die Halterin den Arm und die Hand unter den Körper nimmt, folgt Luke und hält seine Angriffsversuche auf die Gliedmaßen seines Spielpartners aufrecht.

Die Halterin spürt die Motivation und Selbstsicherheit von Luke und macht es ihm noch ein wenig schwerer, an sein Ziel zu kommen, indem sie den Oberkörper weiter absenkt.

Mehr Vertrauen ist kaum möglich: Trotz starker körperlicher Gegenwehr seines Menschen hält der Husky-Mix den Druck aufrecht. Er weiß, dass er das im Spiel darf.

Übung

Raufen mit viel Körperkontakt

Je näher Mensch und Hund sich im Raufspiel kommen, desto mehr Vertrauen zueinander brauchen sie. Das gilt vor allem, wenn beide über- oder untereinander her kriechen und sich körperlich bedrängen.

Schritt 1: Sorgen Sie unbedingt dafür, dass die Spielerwartung auf Seiten des Vierbeiners groß ist. Spielen Sie eine Weile nah am Boden. Nutzen Sie kurze Pausen und Abstand zu ihm, um Spannung aufzubauen.

Schritt 2: Lassen Sie Ihren Spielpartner agieren und bestimmen, wie nah er Ihnen sein möchte. Zwingen Sie ihn nicht dazu, sich dicht an Sie zu drücken.

Schritt 3: Erst, wenn von Seiten des Hundes das Angebot zu stärkerem Bedrängen kommt, können Sie das erwidern.

Schritt 4: Dann ist es auch in Ordnung, wenn Sie den Hund mal kurz festhalten und ihn so bewegungsunfähig machen.

Aus der Spannung eines Raufspiels ergibt sich eine Position, die zu noch mehr Körperkontakt einlädt.

Der schwarze Labrador-Mischling Max gräbt sich unter sein Frauchen ...

... und toleriert das Bedrängen, weil er selbst in Stimmung dazu ist.

Selbst das Herumkugeln mit allen Vieren in der Luft, macht ihm nichts aus. Max vertraut seiner Halterin, dass alles im Sinne eines Spiels verläuft.

Konflikte, Grenzen und Aggression

Wenn das Spiel kein Spiel (mehr) ist

Es gibt im Leben keine Fehler, nur ein Feedback auf das, was man zuvor getan hat. Ein Spiel, das nicht richtig in Gang kommt, ist so ein Feedback. Ein Hund, der zu grob wird und Sie zu sehr bedrängt, ist es auch. Schauen Sie noch einmal genauer hin: Was haben Sie wahrgenommen? Wie ist Ihr Hund Ihnen und wie sind Sie Ihrem Hund begegnet? Kann es sein, dass Sie eines seiner Signale übersehen haben? Oder haben Sie zu früh aufgegeben, weil Sie dachten, dass Ihre Bemühungen umsonst seien? Sie können Ihre Wahrnehmung jetzt verfeinern und lernen weitere Zusammenhänge zwischen Kommunikation, Ausdrucksverhalten und Spiel kennen.

Grenzen von Spiel

Spiel braucht eigentlich keine Grenzen, denn das Spiel selbst ist ja die Grenze. Das gilt jedoch leider nicht uneingeschränkt für alle Vierbeiner. Welpen lernen vor allem im Spiel die so genannte Beißhemmung. Sobald ein junger Hund einen größeren Artgenossen oder seinen Menschen im Spiel zu fest beißt, muss eine Reaktion in Form einer Sanktion erfolgen. Ich halte nicht viel davon, das Spiel in diesem Fall komplett abzubrechen. Der Welpe soll ja lernen, dass Spiel ein wesentlicher Bestandteil einer Mensch-Hund-Beziehung ist. Eine leichte körperliche Maßregelung in Form eines Kneifens oder ruppigen Wegschubsens genügt, um dem Kleinen klar zu machen, dass er seine Zähne im Spiel einsetzen darf, gleichzeitig aber auch kontrollieren muss, wie weit er geht.

Erkennen von Erziehungsproblemen

Auch erwachsenen Hunden muss man unter Umständen Grenzen zeigen. Vierbeiner, die im Junghundealter wenig oder gar nicht mit Menschen gespielt haben, kennen die Grenzen des Zahneinsatzes möglicherweise noch nicht. Viele Hunde lernen das aber auch noch im fortgeschrittenen Alter. Der Ablauf ist der gleiche wie bei Welpen.

Mir ist es besonders wichtig, die Frage nach der Aggression im Spiel differenziert zu betrachten. Meine tiefste Überzeugung hierzu lautet:

> *Wenn dein Hund dich im Spiel ernsthaft angreift, beißt oder dominiert, dann kannst du sicher sein, dass du an einer ganz anderen Stelle in der Beziehung zu deinem Hund ein ernstes Problem hast.*

Was mache ich, wenn...?

Sobald sich Ihnen eine Frage aufdrängt, die mit „Was mache ich denn, wenn mein Hund im Spiel ... ?“ beginnt, fragen Sie sich bitte als allererstes: Bin ich mir sicher, dass es sich hier noch um Spiel handelt? Wie hat mein Hund meine Signale im Vorfeld verstanden? Was genau habe ich ihm mit meiner Körperaktion gesagt? Habe ich vorher eines seiner Signale übersehen oder fehlinterpretiert? Hat das dazu geführt, dass mein Vierbeiner gar nicht mehr versteht, dass es Spiel ist? Wo ist der Ausweg?

Sie können natürlich in dem Moment, in dem es heikel und der Hund tatsächlich übergriffig wird, nichts anderes tun, als die Interaktion zu beenden und den Vierbeiner durch Ruhe zu besänftigen. Das gleiche gilt auch, wenn eine Ihrer Aktionen bei Ihrem Hund deutliche Demut oder sogar Angst und Fluchtverhalten auslöst. In dem Fall hatte aber auch Ihr Miteinander zuvor nichts mit Spiel zu tun. Folglich sprechen wir hier auch nicht von den Grenzen, die Sie Ihrem Hund im Spiel setzen müssen.

Viele Hundehalter denken, ihr Hund wolle gestreichelt werden, wenn er sich ihnen so nähert. Die Husky-Hündin Lea zeigt deutliche Signale der Demut und will eigentlich nur eines: Abstand.

Missverständnisse vermeiden

Die entscheidende Frage lautet für mich: Wie können Sie Missverständnisse, die zu unerwünschtem Verhalten des Hundes beitragen (das Sie vielleicht als Respektlosigkeit oder übertrieben aggressiv bezeichnen) verringern und in Zukunft vermeiden? Um das zu erreichen, sind vier Dinge nötig:

- Sie ziehen es in Betracht, dass das Fehlverhalten des Vierbeiners seinen Ursprung in der Kommunikation zwischen Mensch und Hund hat.
- Sie beobachten Ihren Hund und erkennen, an welchen Stellen die Missverständnisse beginnen.
- Sie verfügen über das nötige Handwerkszeug, um die Folgen eines Missverständnisses abzupuffern.
- Sie verändern Ihr eigenes Ausdrucksverhalten, um Missverständnisse in Zukunft zu minimieren.

Was wir wirklich wissen

In gewisser Weise sind Grenzen im Spiel also überflüssig. Die einzige Grenze von Bedeutung ist die, die wir Menschen uns selbst mit unseren vorschnellen Bewertungen von Hundeverhalten setzen. Bevor Sie aus tiefer Überzeugung sagen, dass Ihr Hund ein Rüpel ist, nicht spielt oder Sie im Spiel dominieren will, fragen Sie sich einmal: „Könnte es vielleicht auch ganz anders sein?"

Mark Twain hat einmal gesagt: „Was uns das Leben schwer macht, sind weniger die Dinge, die wir nicht wissen. Es sind vielmehr die Dinge, die wir ganz sicher wissen – die aber letztlich doch ganz anders sind." Das lässt sich auch auf das Wissen der Menschen über ihre Vierbeiner übertragen.

Aggressionen im Spiel

Im Spiel müssen Sie Ihrem Hund gestatten, aggressiv zu kommunizieren. Sie müssen sich das gleiche allerdings auch zugestehen, andernfalls entsteht ein Ungleichgewicht. Infolgedessen kommt erst gar kein Spiel zustande. Es geht also nicht darum, ob sich ein Hund im Spiel mit seinem Menschen aggressiv verhalten darf oder der Mensch gegenüber seinem Hund. Entscheidend ist vielmehr, um welche Form von Aggression es sich handelt und welchen Nutzen sie besitzt. Fragen Sie sich daher, welche Assoziationen Sie haben, wenn Sie den Begriff „Aggression" hören oder lesen.

Reflexion

Jedes Verhalten Ihres Hundes kann eine Antwort auf ein Signal sein, das Sie bewusst oder unbewusst gesendet haben. Reflektieren Sie, ob Sie einen Anteil am Verhalten Ihres Hundes haben. Prüfen Sie, wie Sie sich selbst korrigieren können, bevor Sie Ihren Vierbeiner für sein Verhalten verurteilen.

Praxisbeispiel

Eine Teilnehmerin eines meiner Seminare war im Spiel mit ihrem Hund richtiggehend erschrocken, als ihr Vierbeiner sie das erste Mal anknurrte. Es hat eine Weile gedauert, bis sie sich getraut hat, sich auf diese Spielform einzulassen. Kurze Zeit später berichtete sie mir von den Veränderungen im Alltag, die sie nie für möglich gehalten hatte: Das Vertrauen des Vierbeiners in ihre Führung ist in dem Moment gewachsen, in dem sie ihrem Hund im Spiel vertrauen konnte.

Der Mensch als Beutetier

Junge Hunde erlernen und perfektionieren im Spiel mit ihren Artgenossen auch ihr Jagdverhalten. Genauso verhält es sich im Spiel mit den Menschen. Auch, wenn ein Hund aus unserer Sicht keinen Grund mehr hat, seine Kompetenzen als Beutegreifer auszubilden – in seiner Welt ist das auch als Mitglied der Familie ein wesentlicher Bestandteil seines Lebens. Außerdem nutzen wir ja schließlich in der Ausbildung eines Hundes genau diesen Trieb, Beute machen zu wollen, indem wir Spielzeug als Motivator einsetzen.

Die Aggressionen, die im Spiel durchbrechen, sind also keinesfalls gegen den Partner gerichtet. Der Spielpartner dient als Ersatzbeutetier, das sich auch wie ein solches verhalten muss. Anderenfalls gäbe es ja keinen Lernerfolg im Spiel. Die Angst, ein Hund könnte das missverstehen und seinen Zweibeiner infolgedessen weniger respektieren, ist unbegründet. Im Gegenteil: Das Vertrauen in den Sozialpartner Mensch wird steigen, je größer der Freiraum für aggressive Kommunikation des Vierbeiners im Spiel ist.

Mit „echter“ Aggression umgehen

Hunde, die aus einem Spiel heraus ihren Menschen oder auch Artgenossen ernsthaft bedrohen oder verletzen, haben auf einer ganz anderen Ebene des Miteinanders ein Problem. Bei diesen Hunden stimmt in der gesamten Beziehung zu ihren Sozialpartnern etwas nicht. Statt aber dem Spiel und den damit verbundenen Freiräumen die Schuld daran zu geben, sollte man versuchen, der Ursache auf die Spur zu kommen. Dafür eignet sich das Leitwolf-Trainingsmodell sehr gut, da hierbei die Führung neben dem Spiel eine große Rolle spielt.

Aus meiner Erfahrung dienen Aggressionen im Zusammenleben von Mensch und Hund in erster Linie dazu, sich gegenseitig zu verstehen. Im Spiel lässt sich das ganz wunderbar erkennen, denn hier entscheidet das gegenseitige Verständnis darüber, ob Sie mit Ihrem Hund spielen und er mit Ihnen. Einerseits dürfen Sie aggressives Verhalten zulassen, denn es geht ja um nichts als Spiel. Andererseits sollten Sie sich bewusst sein, dass auch Ihr eigenes Ausdrucksverhalten im Spiel von Aggressionen begleitet sein muss. Wie viel und in welcher Form, das entscheiden nicht Sie oder ich, sondern Ihr Spielpartner. Fehler kommen im Spiel nicht vor, deshalb

Für die kleine Hündin Dhira stimmt in dieser Phase etwas nicht: Sie folgt den Bewegungen des Menschen zwar, leckt sich aber beim Hochspringen auch die eigene Schnauze. Es ist für sie nicht eindeutig, dass es sich um Spiel handelt.

können Sie ausprobieren, wie sich das Spiel bei Ihnen und Ihrem vierbeinigen Spielpartner gestaltet. Sie sollten allerdings bereit sein,

- alle möglichen Reaktionen Ihres Hundes zu akzeptieren,
- die richtigen Schlüsse aus der neu gewonnenen Erfahrung zu ziehen,
- Ihr eigenes Verhalten zu reflektieren,
- Ihr Ausdrucks- und Spielverhalten anzupassen, sobald Ihr Vierbeiner entsprechende Signale gibt.

Gehemmte Aggression

Ein wesentliches Kriterium für „gute" Aggression im Spiel ist der Abstand zwischen den Spielpartnern. Das sind im Lauf- und Jagdspiel auch schon mal ein paar Meter, im körpernahen Raufspiel oft nur Zentimeter. Bei einem größeren Abstand werden Angriffe und Zupacken nur angedeutet. Im körpernahen Spiel kommt es auch zum direkten Körperkontakt und dem Einsatz aller „Waffen". Der Umgang mit den eigenen „Waffen" entscheidet darüber, ob es sich noch um Spiel handelt.

In gewisser Weise bleibt auch im Vollkontaktspiel der Abstand erhalten, allerdings mehr in Form einer Hemmung bei beiden Spielpartnern, den anderen zu intensiv und kontinuierlich zu bedrängen. Sie erkennen das an immer wieder auftretenden kurzen Pausen, die zum Aufbau einer neuen Spielspannung genutzt werden, bevor einer der beiden Spielpartner zu einem erneuten Angriff ansetzt.

Aggression schafft Vertrauen

Der Nutzen von Aggressionen im Spiel kann mit einem Wort beschrieben werden: Vertrauen. Die dahinter stehende Haltung ist folgende: Wenn Sie Ihrem Hund im Spiel gestatten, Grenzen zu überschreiten, dann erkennt er, dass Sie ihn verstanden haben. Ihre Grundhaltung gegenüber Spiel und damit Aggressionen entscheidet darüber, ob Ihr Vierbeiner Sie versteht oder nicht. Wenn Sie glauben, Aggressionen müssten wegtrainiert werden, dann wird es niemals ein freies Spiel zwischen Ihnen und Ihrem Vierbeiner geben.

Konflikte erkennen

Die meisten Hunde spielen gerne und viel. Das heißt aber nicht, dass sie immer, überall und mit jedem bereit sind für ein Spiel. Es gibt viele Einflussfaktoren, die es Ihrem Vierbeiner unmöglich machen, mit Ihnen zu spielen. Das können Reize aus der Umgebung sein wie Wild oder Wildspuren, Artgenossen oder Geräusche und Menschen, um nur einige zu nennen. Im Spiel zwischen Menschen und Hunden kommt allerdings ein Faktor zum Tragen, der oft übersehen wird: Die unterschiedlichen Vorstellungen davon, was Spiel ist und wie es aussieht.

Lernen Sie, hinzuschauen

Viele Vierbeiner, die ganz selbstverständlich mit Artgenossen spielen, lassen sich nur ungern auf ein Spiel mit Menschen ein. Es liegt vor allem an unserem aufrechten Gang, dass es manchen Hunden schwerfällt, einen Zweibeiner als Spielpartner zu akzeptieren. Unsere Art, Hunde zu einem Spiel zu animieren, kann beim Vierbeiner schnell einen heftigen Konflikt auslösen. Der wiederum hat immer auch Auswirkungen auf die gesamte Beziehung.

Es gibt Hunde, wie die 6-jährige Ruby, die das körperliche Spiel mit dem Menschen nie gelernt haben. Sie sind fixiert auf ein Spielzeug. Das jedoch kann die ersten Schritte im körperaktiven Spiel positiv beeinflussen.

Praxisbeispiel

Eine Hundehalterin hatte große Schwierigkeiten, ihren Hund zu einem Spiel ohne Hilfsmittel zu motivieren. Sie schaffte es einfach nicht, ihren Vierbeiner auf Abstand zu halten, um ihn anzuspielen. Dann erfuhr ich, dass ihr Hund sie überschwänglich begrüßte, wenn sie nach Hause kam. Sie erwiderte diese Begrüßung mit Streicheln und Zuneigung. Erst, als sie ihr Verhalten beim Heimkommen änderte – Abstand einfordern und selber ruhig und gelassen bleiben – konnte ihr Hund sich auch auf diese Form des Spiels einlassen. Die Lösung für ein Problem liegt nie im Problem selbst.

Die größte Quelle für Konflikte ist allerdings Ihre eigene Wahrnehmung. Alles, was Sie sehen, interpretieren Sie auch. Wenn Ihnen nicht bewusst ist, dass es auch etwas ganz anderes sein könnte, dann hinterfragen Sie Ihre Interpretation nicht. Erinnern Sie sich daher an die Aussage von Mark Twain, dass uns die Dinge, die wir ganz sicher zu wissen glauben, in Schwierigkeiten bringen, weil sie in Wirklichkeit nämlich ganz anders sind.

Wie erkennen Sie einen Konflikt? Indem Sie

> wissen, worauf Sie schauen müssen und dann auch wirklich
> genau hinsehen.

Ihr Hund teilt sich Ihnen immer sehr deutlich mit. Sie müssen seine Signale nur erkennen und richtig deuten. Dann sehen Sie auch, wann er in einem Konflikt steckt. Das wichtigste Erkennungsmerkmal habe ich schon mehrfach angesprochen: Es ist der Abstand zwischen den Spielpartnern. Ohne ein gewisses Maß an Distanz und Spannung ist Ihre Interaktion höchstwahrscheinlich kein Spiel!

Anzeichen für Konflikte

> Ihr Hund leckt Ihnen permanent die Hand.
> Er versucht, Ihr Gesicht zu erreichen, um Sie dort zu lecken.
> Er packt Ihren Arm und hält ihn fest oder zerrt daran.
> Er springt permanent an Ihnen hoch.
> Er springt bellend um Sie herum, ohne auf Ihre Spielgesten einzugehen.
> Er wuselt weiter um Sie herum, selbst wenn Sie schon lange ruhig sind.
> In einem Laufspiel ist der Abstand zwischen dem Vierbeiner und Ihnen immer sehr gering.
> Wenn Sie ihm auf Distanz ein Spielangebot machen, läuft Ihr Hund Ihnen sofort entgegen.
> Der Vierbeiner setzt seine Kraft und seine Zähne auffallend unkontrolliert ein.

Viele Hundehalter glauben, dass es sich automatisch um ein Spiel handelt, wenn Mensch und Hund juchzend, bellend und springend übers Feld jagen. Das ist keinesfalls so, im Gegenteil. Sie werden die Zusammenhänge erkennen und besser verstehen, wenn wir uns die Signale des Hundes im Einzelnen anschauen.

Demut und Übersprung – Signale deuten

Hunde reagieren in der Kommunikation mit ihrem Sozialpartner häufig, ohne dass die Menschen das wahrnehmen. Würden Sie ein Blinzeln der Augen, das Schnüffeln am Boden oder ein belangloses Drehen des Kopfes zur Seite mit einer Reaktion auf Sie und Ihr Verhalten in Verbindung bringen? Vermutlich nicht oder nicht immer. Das sollten Sie aber, denn in diesen kleinen Gesten steckt oft die Antwort auf die Frage „Was kann ich denn tun, damit mein Hund auf mich reagiert?“. Ihr Hund reagiert immer. Das ändert sich auch nicht, wenn Sie es nicht erkennen.

Eine Vielzahl von Signalen

In Verbindung mit der Besonderheit von Kommunikation im Spiel kommt Demutsgesten und Übersprungverhalten eine enorme Bedeutung zu. Wenn Sie wissen, wie viele Reaktionen Sie von Ihrem Vierbeiner im Spiel erhalten, können Sie auch bewusst und zielgerichtet darauf eingehen. Übersehen Sie jedoch ein Signal oder messen ihm keine Bedeutung bei, bricht der Austausch mit dem Vierbeiner jäh ab.

Passive Demut

Im weiteren Sinne gehören auch Signale der sozialen Demut in den Bereich der aggressiven Kommunikation. Denn: Versucht ein Hund einem Artgenossen zu imponieren – er nähert sich ihm mit durchgestreckten Gliedmaßen, erhobenem Kopf und steifen Bewegungen oder umkreist den anderen in dieser Körperhaltung –, wird das Gegenüber darauf reagieren. Gibt er dem Imponierenden nach, zeigt er ihm dies durch

Der Australian-Shepherd-Rüde Craig ist irritiert von der ungewohnten Bewegung seiner Halterin: Er wendet den Blick ab und versucht so, den Konflikt zu minimieren.

Als seine Halterin sich trotzdem weiter nähert und aus Sicht des Hundes immer „gefährlicher“ wird, beginnt Craig zu bellen, um den aufkommenden Stress abzubauen.

Demutsgesten: Er wendet den Kopf oder den ganzen Körper ab, leckt sich eventuell über die Schnauze und nimmt eine demütige Körperhaltung ein: Die Rute ist abgesenkt bis eingeklemmt, der ganze Körper wirkt passiv, die Bewegungsintensität ist sehr gering. So erweist der Vierbeiner dem anderen, der dies eingefordert hat, Respekt. Da es sich lediglich um eine Reaktion auf das Imponiergehabe des anderen handelt, spricht man von passiver Demut.

Aktive Demut

Natürlich gibt es auch eine aktive Demut. Stellen Sie sich einen Hund vor, der sich einem Sozialpartner – Mensch oder Artgenosse – nähert und völlig außer sich ist vor Freude. Diese Freude ist aktive Demut: Der Hund wirkt zwar in gewisser Weise auch unterwürfig, sein Blick und seine Handlungen jedoch sind aktiv auf den anderen ausgerichtet. Er versucht, dem Menschen die Hand zu lecken oder an ihm hochzuspringen, um an seine Mundpartie zu gelangen. Ebenso verhält er sich auch gegenüber dem Artgenossen: Er huldigt und besänftigt ihn, indem er ihm die Maulwinkel leckt. Die Bewegungsintensität bei der aktiven Demut ist hoch und wirkt vollkommen überschwänglich. Je mehr der Partner darauf eingeht, desto größer werden die Bemühungen eines solchen Hundes, dem anderen zu huldigen. Dieses Verhalten kann mehrere Minuten andauern.

Die Fehlinterpretation dieser Signale der aktiven Demut sind eine der Hauptursachen für Missverständnisse in der Kommunikation zwischen Mensch und Hund.

Folgen der Missverständnisse

Im Spiel oder bei den Bemühungen, ein solches in Gang zu bringen, hat die Fehlinterpretation der Signale aktiver Demut negative Folgen:

Husky-Hündin Lea ist nicht in Spiellaune. Das zeigt sie ihrem Halter, indem sie bei Annäherung der Hand den Kopf absenkt und den Blick abwendet.

Praxisbeispiel

Wenn ich in meinen Seminaren Hundehalter bitte, mit ihrem Vierbeiner zu spielen, dann reagieren fast alle Hunde erst einmal mit Signalen der Demut und des Respekts. Einige dieser Signale werden von den Haltern oft fälschlich als Spielgeste interpretiert. Die Folge ist dann eine Reihe von Missverständnissen, die auch Auswirkungen auf andere Bereiche der Beziehung haben.

Der Hund signalisiert wie oben beschrieben, dass die Spielaufforderung seines Menschen bei ihm nicht so ankommt. Für ihn sind die Körperaktionen des Zweibeiners der Auslöser für Demut und Unterwürfigkeit.

Da viele Hundehalter die Signale des Hundes fälschlicherweise als Freude deuten, führen sie weiter, was sie für Spiel halten und bringen sich selbst und den Vierbeiner in eine aussichtslose Lage.

Wenn Sie diese Signale aus Ihrem „Spiel" mit Ihrem Vierbeiner kennen, wird Ihnen jetzt sicherlich auch bewusst, warum sich bei Ihnen immer wieder ein komisches Gefühl eingeschlichen hat. Hatten Sie den Eindruck, dass irgendetwas nicht ganz stimmig war? Hier haben Sie eine mögliche Antwort auf die Frage, wo dieses Gefühl seinen Ursprung hatte.

Spielfreude oder Respekt?

Woran erkennen Sie, ob ein Hund auf Ihr Spiel reagiert oder ob er denkt, Sie fordern seinen Respekt ein? Für letzteres gibt es einige wenige, aber sehr eindeutige Anzeichen:

> Der Hund reagiert auf eine Ihrer Spielaufforderungen sofort mit einer

Ihr Mensch nimmt die Hand nicht zurück. Daraufhin zeigt die 5-Jährige bei abgewandtem Blick zusätzlich ein beruhigendes Züngeln.

Als ihr Halter ihr auch noch nachgeht, kratzt Lea sich. So versucht sie, den aufkommenden Stress abzubauen.

hohen Bewegungsintensität.

- Er kommt Ihnen sofort entgegen gelaufen und verringert die Distanz zu Ihnen bis zum direkten Körperkontakt.
- Bei Ihnen angekommen versucht er, an Ihrer Hand oder in die Nähe Ihres Gesichtes zu lecken.
- Seine Erregung bleibt auf einem hohen Level, sobald Sie ihm auch nur eine kleine Bewegung schenken.
- Nach kurzer Zeit beginnt der Hund aufgeregt zu bellen.
- Egal was Sie tun, Sie schaffen es nicht, den Vierbeiner auf Abstand zu halten.
- Sobald Sie vollkommen ruhig werden, wendet er sich ab und geht seiner Wege.

Veränderungen und Lösungen

Aus diesem Teufelskreis gibt es einen Ausweg. Dieser setzt allerdings nicht alleine an der Art und Weise an, wie Sie mit Ihrem Hund spielen. Vermutlich werden Sie auch in anderen Bereichen des Zusammenlebens ein paar Veränderungen vornehmen müssen. Dazu gehört es,

- das Begrüßungsritual zu streichen, wenn Sie nach Hause kommen,
- den Kontakt zu fremden Menschen, auf die sich Ihr Hund zubewegt, zu unterbinden,
- Aufmerksamkeit forderndes Verhalten einzuschränken,
- den Bewegungs- und Entscheidungsspielraum des Hundes insgesamt zu überprüfen.

Welche weiteren Maßnahmen gegebenenfalls ergriffen werden sollten, kann nur entschieden werden, wenn man die gesamte Lebenssituation vor Ort betrachtet.

Im Spiel können Sie versuchen, die Demutssalven des Hundes mit Hilfe eines Spielobjekts abzupuffern. Näheres dazu finden Sie in den Abschnitt „Spielzeug als Puffer einsetzen“.

Übersprungverhalten

Die verschiedenen Formen des Übersprungs dienen dem Vierbeiner – vereinfacht ausgedrückt – als Ventil, um auf einen bestehenden Konflikt zu reagieren. Das Verhalten, das sich in diesem Zusammenhang zeigt, wird von vielen Hundehaltern falsch gedeutet und vor allem nicht mit dem Konflikt in Verbindung gebracht, der sich im Hund ausbreitet.

Übersprung kann sich äußern durch:

- Bellen,
- Umherlaufen,
- bellendes Umherlaufen,
- in die Leine Beißen,
- Kratzen,
- Gähnen,
- sich Schütteln,
- Stöcke Zerbeißen,
- Aggression gegen Menschen und/ oder Artgenossen,
- Buddeln,
- Markieren.

Reflexion

Wenn im Spiel etwas Ungewöhnliches geschieht, dann fragen Sie sich: Was ist kurz vor diesem Moment, den ich nicht verstehe, gewesen? Jedes Verhalten Ihres Vierbeiners ist eine Reaktion auf das, was kurz vorher passiert ist. Das eine ist die Ursache, das andere die Wirkung. Die Ursachen können Sie abstellen, die Wirkungen nicht.

Wenn Spiel kein Spiel ist

In Verbindung mit Spiel kommen zwei Verhaltensweisen gehäuft vor: Bellen und wildes um den Menschen Herumspringen. Wenn dieses Verhalten nicht

Abstand, eine deutliche Körpersprache und viel Geduld sind die Basis für eine klare Kommunikation zwischen Mensch und Hund im Spiel.

als Übersprungverhalten erkannt wird, dann können Sie auch keinen Zusammenhang mit dem Konflikt herstellen, den Sie durch Ihre Körperbewegungen auslösen. Und wenn Sie vermuten, Ihr Hund befinde sich im Spielmodus, hat das noch ernstere Folgen: Sie forcieren den Konflikt und damit das Übersprungverhalten.

Hilfestellung für Mensch und Hund

Die Verantwortung liegt allerdings nicht alleine bei Ihnen. Wenn Ihre Spielangebote beim Vierbeiner nicht ankommen und er keine Chance bekommt, Ihre Signale richtig zu deuten, dann brauchen Sie beide eine Hilfestellung. Am leichtesten ist es, dem Hund eine alternative Übersprunghandlung anzubieten, die Sie zugleich auch noch für ein Spiel „zweckentfremden" können. Auf einem Gegenstand herumzukauen zählt auch zu den Übersprunghandlungen. Sie können also ein Spielzeug oder ein Kauobjekt einsetzen. Wenn Ihr Hund sich auf dieses Objekt einlässt, unterbreiten Sie ihm weitere Spielangebote. Prüfen Sie, ob die Reaktionen nun immer noch alleine dem Übersprungverhalten entspringen oder ob auch mehr oder minder eindeutige Spielbewegungen dabei sind.

Den Konflikt verstehen

Wichtig ist: Sie können den Hund nicht davon abhalten, auf einen Konflikt mit Übersprungverhalten zu reagieren. Wenn Sie also versuchen, sein Verhalten zu unterbinden, wird er sich ein anderes Ventil suchen, weil er nicht anders kann. Stellen Sie daher drei Fragen:

1. Worin genau besteht der Konflikt?
2. Habe ich Einfluss darauf?
3. Kann ich meinem Hund ein Alternativverhalten anbieten, das den gleichen Zweck erfüllt?

Interessant ist, dass Spiel als Teil der Beziehung auch immer Vertrauen zur Folge hat. Aus diesem Vertrauen resultiert dann auch, dass Ihr Hund Ihre Aktionen besser einschätzen kann. Das wiederum hat zur Folge, dass Ihre Kommunikation mit dem Hund weniger Konflikte verursacht. Damit schließt sich der Kreis, und die Beziehung wird ausgeglichener, weil die Kommunikation klarer ist.

Konflikte nutzen

Die schlechte Nachricht ist: Konflikte können Spiel unmöglich machen. Es gibt allerdings auch eine gute Nachricht: Konflikte können – richtig genutzt – Spiel überhaupt erst ermöglichen.

Spiel als Lösung für Konflikte

Es muss also einen Zusammenhang zwischen Konflikten und Spiel geben. Genauso ist es auch. Hunde tragen nämlich eine Lösungsstrategie für sich anbahnende oder existierende Konflikte in sich – das Spiel. Auch, wenn es noch nicht Spiel in Reinform ist: So genanntes Übersprungverhalten, mit dem ein Vierbeiner versucht, seinen Stress abzubauen, enthält häufig auch Elemente des Spiels. Wenn Ihr Timing und Ihre Wahrnehmung gut sind, dann können Sie eben dieses Übersprungverhalten nutzen, um den Hund ins Spiel hineinzuziehen.

Das ist ein ungewöhnlicher Weg, und er birgt ein paar Risiken. Das größte Risiko besteht allerdings lediglich darin, dass sich im Vergleich zu vorher nichts verändert. Ihr Hund spielt dann eben immer noch nicht mit Ihnen. Nicht mehr und nicht weniger ist also passiert. Verschlimmern wird sich die Situation nicht.

Trainertipp

Versuchen Sie nicht, sich lehrbuchmäßig zu verhalten. Auch, wenn Ihr Hund mit Stresssignalen reagiert – geben Sie nicht zu schnell auf.

Konflikte kontrolliert herstellen

Wollen Sie Spiel als Lösung für Konflikte bewusst nutzen, könnte das folgendermaßen aussehen: Sie reizen Ihren Hund mit Ihren Spielaufforderungen so lange, bis es ihm zu viel wird und er irgendeine verwertbare Reaktion zeigt. Diese Reaktion kann darin bestehen, dass er kurz vor Ihnen davonläuft. In diesem Fall rennen Sie ihm nach. Oder er duckt sich kurz vor Ihnen weg und verharrt einen Moment in dieser Position. Dann halten Sie die Spannung und warten auf den Moment, in dem Sie einen Scheinangriff starten können. „Attackieren" Sie so lange seine Pfoten, bis er eine kleine Abwehrreaktion dagegen zeigt. Daraufhin tun Sie so, als seien Sie beeindruckt und zucken kurz zurück, allerdings mit einem schelmischen Grinsen im Gesicht – und starten unmittelbar danach den nächsten „Angriff".

Für diesen Weg der Konfliktlösung müssen Sie zum einen bereit sein, Ihren Hund mehr als üblich zu drangsalieren, um ihn aus der Reserve zu locken. Dabei nehmen Sie dann auch in Kauf, dass Ihr Vierbeiner sichtlich irritiert, vielleicht sogar überfordert oder verunsichert scheint. Sie können den Druck ja immer noch reduzieren, wenn Sie bemerken, dass Ihre Bemühungen zwecklos sind.

Zum anderen brauchen Sie ein gutes Auge und ein hervorragendes Timing, um auf die kleinsten Regungen von Seiten Ihres Vierbeiners reagieren zu können. Jede vertane Gelegenheit macht es im nächsten Anlauf wieder schwieriger.

Spielzeug als Puffer einsetzen

Die Körpersprache ist das wichtigste Kommunikationsmittel eines Hundes. Das hat zur Folge, dass er natürlich auch unsere Signale, die wir durch unsere Körperhaltung und -bewegungen aussenden, genau interpretiert. Hat ein Hund im Bereich des gemeinsamen Spiels zu wenig Erfahrung mit seinem Zweibeiner oder fehlt es ihm schlicht an Vertrauen, dann reagiert er auf uneindeutige oder unbekannte Bewegungsabläufe seines Menschen wie auf einen Fremden, der eine andere Sprache spricht – mit Zurückhaltung.

Um das Spielzeug spielen

Ich habe in den vorangehenden Kapiteln häufiger die Folgen dieser Missverständnisse angesprochen. An dieser Stelle bekommt das Spielzeug eine neue Bedeutung. Es wird jetzt als Puffer eingesetzt, der es dem Hund ermöglicht, seinen Menschen und dessen Körperaktionen als Spielpartner „zu ertragen".

Wenn Ihr Hund gerne mit Spielzeug spielt, dann sind Sie einen großen Schritt weiter. Entscheidend ist, dass Sie mit Ihrem Hund **um** das Spielzeug spielen und nicht **mit** dem Spielzeug.

Selbst als der Mensch nah am Boden auf Ruby zu kriecht, sendet die Border-Collie-Mischlingshündin deutliche Signale der Demut und des Respekts. An Spiel ohne Hilfsmittel ist hier erst einmal nicht zu denken.

Trainertipp

Haben Sie einen unsicheren Hund oder einen, der sich leicht ablenken lässt, dann sollten Sie im Haus oder im Garten zu spielen beginnen.

Präsentieren Sie ihm das Spieli. Lassen Sie ihn eine Weile darum streiten und zerren, und überlassen Sie es ihm dann. Wie genau solche Spiele mit Spielbeute ablaufen, ist im „Leitwolf-Training“ beschrieben. Achten Sie unbedingt darauf, die Spielmotivation Ihres Hundes im Zerrspiel nicht zu blockieren. Er soll Sie mitsamt Spielobjekt über die Wiese zerren, nicht umgekehrt!

Spielen statt Apportieren

Sobald Ihr Vierbeiner mit der Beute davonläuft, beginnen Sie ein Spiel auf Distanz, indem Sie sich langsam an seine Beute anschleichen und versuchen, sie ihm abzujagen. Denken Sie jetzt an das Selbsthandicap: Auch, wenn Sie ihm mühelos das Objekt abnehmen könnten – lassen Sie Ihrem Hund die Chance, Ihnen damit zu entkommen. Verzichten Sie unbedingt darauf, dem Hund per Kommando das Ausgeben oder Apportieren des Objekts zu befehlen! Das gehört nicht ins Spiel! Was lernt Ihr Hund dadurch? Er erkennt, dass Ihnen die Beute wichtig ist. Das gefällt ihm, denn jetzt hat er einen Grund, mit der Spielbeute zu entwischen statt sie zu apportieren. Damit können Sie ein Jagd- und Laufspiel einleiten, das dann später auch immer häufiger ohne Spielzeug funktioniert.

Der Münsterländer Digger liebt Zerrspiele mit seinem Frauchen. Das körpernahe Spiel dagegen ist nicht unbedingt seine Sache.

Als der vier Jahre alte Rüde das Zerrtau errungen hat und stolz herumträgt, lauert seine Halterin ihm auf und versucht, ihm das Objekt streitig zu machen.

Auch wenn es ihr ein Leichtes wäre, an das Zerrtau zu gelangen, „verpasst" sie die Chance und lässt Digger mit der Beute ziehen, …

… um wenig später die Gelegenheit zu nutzen, sich aus der Distanz anzuschleichen. Digger antwortet mit einer sehr deutlichen Spielgeste: Vorderkörper runter, Blick auf den „Gegner", abwarten.

Trainertipp

Setzen Sie Spielzeug ein, vermeiden Sie aber, es selber in die Hand zu nehmen. Geben Sie nur vor, dass Ihnen das Spielzeug wichtig sei.

Spielzeug und Futter vorenthalten

Auch das körpernahe Raufspiel können Sie so gestalten, wenn ein rein körperbetontes Spiel nicht funktioniert: Machen Sie den Hund ein wenig wild, indem Sie ihm das Spielzeug zeigen. Dann hocken Sie sich auf den Boden und „vergraben" das Spielobjekt unter sich. Wenn Ihr Hund unbedingt an das Spieli will, muss er bereit sein, Grenzen zu überschreiten: Er muss mit viel Druck gegen Ihren Körper versuchen, an das Objekt zu kommen. Sobald er einen großen Drang entwickelt, halten Sie dagegen: Schieben Sie ihn mit Ihrem Körper leicht zur Seite, sichern Sie „Ihre Beute" unter sich, geben Sie sie kurz preis um sie dann sofort wieder unter sich zu begraben. Je größer der Drang Ihres Hundes wird, umso stärker und aggressiver dürfen Sie mit Ihrem Körper dagegen halten.

Beide Varianten des Objektspiels führen zu Vertrauen und Motivation. Später können Sie auch versuchen, das Spielzeug auf einer Wiese oder im Garten vor Ihrem Vierbeiner abzuschirmen. Die Distanz zum Hund und zum Spielzeug wird dann immer größer – und Sie werden zum besten Spielpartner Ihres Vierbeiners.

Je nach Motivationslage des Hundes kann es dabei ganz schön wüst zugehen. Solange es kein ernsthafter Ressourcenstreit ist und die Beziehung stimmt, darf das so sein. Selbst meine jüngste Tochter spielt so mit unserer Terrierdame – und das will schon etwas heißen!

Ein Spiel ohne Spielzeug mit viel Körperspannung des Menschen verunsichert Ruby. Sie bricht dann schnell den Kontakt ab. Jetzt ist sie interessiert.

Ohne das Spielzeug am Boden wäre Ruby bei dieser Bewegung von mir eher geflohen. Jetzt lohnt es sich für sie, den Druck auszuhalten.

Ich schirme das Spielzeug vor ihr ab, sie läuft einen kleinen Bogen und zeigt eine eher respektvolle, demütige Körperhaltung.

Das Spielzeug motiviert sie aber wieder, im Kontakt zu bleiben. Es scheint, als denke sie über eine neue Strategie nach. Das Spiel kommt in Fahrt.

Und was kommt nach Spiel ...?

Spiel mit dem Vierbeiner ist kein Training im herkömmlichen Sinne. Das gemeinsame Spiel ist Teil der Beziehung zwischen Menschen und Hunden. Es gibt erst einmal kein Ziel. Sie müssen nichts erreichen. Alles geschieht ganz einfach nebenbei. Sie schulen Ihre Wahrnehmung, verstehen sich und Ihren Hund immer besser und können so die Kommunikation zu Ihrem Vierbeiner bewusster und klarer gestalten.

Spiel ist Beziehung

Im Grunde kommt nach dem Spiel die Beziehung. Nein, besser: Spiel ist die Beziehung zu Ihrem Hund. Wenn Sie nur fünfzehn Minuten spazieren gehen, dann aber im Wohnzimmer eine halbe Stunde abwechslungsreich spielen, hat das weitreichende Folgen für Ihr Miteinander mit Ihrem Vierbeiner.

Noch schöner ist es, wenn Sie viel mehr Zeit draußen verbringen können, Ihr Hund aber die ganze Zeit in Ihrer Nähe ist und ein Spielangebot sofort dankbar annimmt. Daraus entwickeln sich dann in den nächsten Schritten vielleicht auch Ideen für Teamwork. Nutzen Sie die wachsende Motivation Ihres Vierbeiners, und lernen Sie voneinander. Begeistern Sie Ihren Hund, so wie er Sie begeistert.

Vergessen Sie bei allen Gedanken an die Erziehung und die Beschäftigung Ihres Hundes aber nicht, dass unsere Hunde eigentlich nur eines wollen – den Tag mit ihren Sozialpartnern verbringen. Und im Spiel werden Sie aus Sicht des Hundes genau das: ein Partner.

Erschöpft und müde – ein Hund darf sich auch aus dem Spiel zurückziehen.

Service

Zum Weiterlesen

Auf unserer Webseite www.leitwolf.com finden Sie weitere Informationen zu unserem Training. In einigen Artikeln auf der Seite bekommen Sie Fachwissen rund um den Hund vermittelt, andere Beiträge regen zum Nachdenken an. Außerdem haben Sie die Möglichkeit, einen Kommentar oder eine Frage zu hinterlassen.

Zu einzelnen Themen können Sie sich Videos anschauen, in denen wir Ihnen das Leitwolf-Spiel in der Praxis vorstellen. Durch die kommentierten Beiträge erhalten Sie eine Fülle an Erklärungen zur Körpersprache des Hundes.

Falls Ihnen das noch nicht genügt – schauen Sie sich doch einfach unser Seminar- und Trainingsangebot an. Die Trainer, die in den letzten Jahren von mir ausgebildet wurden, und ich bieten regelmäßig Veranstaltungen zu verschiedenen Themen an.

Praktisches Training

Sie können die Basis des Leitwolf-Trainings mit seinen drei Elementen Führung, Spiel und Teamwork kennenlernen. Die sprachfreie Kommunikation und Führung ohne Kommandos stehen hier im Mittelpunkt.

Oder Sie lassen sich voll und ganz auf das Spiel zwischen Mensch und Hund ein. Neben der natürlichsten Spielform – dem Spiel ohne Hilfsmittel – geht es auch um den Einsatz von Spielzeug und den Aufbau von Handlungsketten auf der Grundlage von Spielmotivation.

Wenn Ihr Hund wegen extremer Verhaltensauffälligkeiten ein besonderes Training braucht, dann haben wir auch dafür ein Angebot. Ein Seminar ist ganz und gar den Hunden und Haltern gewidmet, die auf Grund von Aggressionsproblemen kein anderes Seminar besuchen können.

Und für alle, die sich in der Beziehung mit ihrem Hund weiterentwickeln möchten, gibt es Seminare, die sich vor allem auf die Persönlichkeit und innere Haltung des Hundehalters konzentrieren.

Alle Inhalte in konzentrierter Form erhalten Sie, wenn Sie sich entscheiden, eine Ausbildung zum Leitwolf-Hundetrainer bei uns zu absolvieren. Informationen dazu finden Sie auf der Webseite unter dem Punkt „Ausbildungen“.

www.leitwolf.com

Dank des Autors

Danke allen Menschen und ihren Hunden, die in den letzten Jahren ein Training oder ein Seminar bei mir besucht haben. In jedem Training lerne ich so viel Neues über Menschen und Hunde – das ist ein unendlicher (Erfahrungs-)Schatz.

Ein dickes Dankeschön geht an die Fotografin Heike Schmidt-Röger. Die Shootings haben enormen Spaß gemacht und die Ergebnisse sind berauschend. Ohne die Fotomodelle wären aber auch die Shootings nichts gewesen. Deshalb ein ebenso großer Dank an alle, die mit ihren Hunden dabei waren (und geschwitzt haben).

Ein ganz besonderer Dank geht wieder an meine Lektorin Dr. Marion Steinbach. Ihre Feedbacks zum Manuskript und die Anregungen, wenn es mal nicht weiterging, waren wieder einmal unbezahlbar.

Und allen Mitarbeitern des Ulmer Verlags ein ganz herzliches Dankeschön für die Unterstützung und die offenen Ohren für unsere Ideen. Ich freue mich auf weitere Projekte!

Bildquellen

Alle Fotos und das Titelbild stammen von Heike Schmidt-Röger (www.schmidt-roeger.de).

Impressum

Die in diesem Buch enthaltenen Empfehlungen und Angaben sind vom Autor mit größter Sorgfalt zusammengestellt und geprüft worden. Eine Garantie für die Richtigkeit der Angaben kann jedoch nicht gegeben werden. Autor und Verlag übernehmen keinerlei Haftung für Schäden und Unfälle. Der Leser sollte bei der Anwendung der in diesem Buch enthaltenen Empfehlungen sein persönliches Urteilsvermögen einsetzen.

Bibliografische Information der Deutschen Nationalbibliothek
Die Deutsche Nationalbibliothek verzeichnet diese Publikation in der Deutschen Nationalbibliografie; detaillierte bibliografische Daten sind im Internet über http://dnb.d-nb.de abrufbar.

Wollgrasweg 41, 70599 Stuttgart (Hohenheim)
E-Mail: info@ulmer.de
Internet: www.ulmer.de

Redaktionelle Bearbeitung: Dr. Marion Steinbach (www.steinbach-pr.de)
Lektorat: Dr. Marion Steinbach, Kathrin Gutmann
Herstellung und dtp: Ulla Stammel
Umschlagentwurf und Innenlayout: Atelier Reichert, Stuttgart
Druck und Bindung: Westermann Druck Zwickau GmbH
Printed in Germany

ISBN 978-3-8001-7995-4

Sprachfrei kommunizieren mit Hunden

Hunde möchten sich dem Menschen anschließen und ihm vertrauen. Dafür müssen Sie als Leitwolf Ihres Hundes die Ruhe in sich tragen, die Sie von Ihrem Hund erwarten. Das größte Vertrauen zeigt sich im gemeinsamen Spiel. Wenn Sie der Spielpartner Ihres Hundes sein möchten, dann fragen Sie erst Ihren Hund, wie er sich das Spiel vorstellt. In der Arbeit und Ausbildung können Sie von Ihrem Hund nur das fordern, was Sie selbst zu geben bereit sind. Teamwork ist Partnerschaft mit Erfolg, den Sie sich mit Ihrem Hund teilen.

Das LEITWOLF Training verbindet diese drei Bereiche zu einem Modell, das Ihnen hilft, Ihren Hund mit anderen Augen zu sehen. Vergessen Sie Befehle und Kommandos. Lernen Sie die sprachfreie Führung und das artgerechte Spiel mit Hunden kennen. Ihre Beziehung zum Hund bekommt eine neue Dimension.

Das Leitwolf-Training. Mirko Tomasini, 2012. 96 Seiten.
ISBN 978-3-8001-7753-0

www.leitwolf.com